华惠伦　胡名正　编著

稀奇古怪的猿猴王国
走近人类近亲

MINGJIA KEXUEYAN

上海科学普及出版社

图书在版编目（CIP）数据

稀奇古怪的猿猴王国：走近人类近亲 / 华惠伦，胡名正编著. — 上海：上海科学普及出版社，2015.7（2018.4重印）
（名家科学眼）
ISBN 978-7-5427-6458-4

Ⅰ.①稀… Ⅱ.①华…②胡… Ⅲ.①猿猴亚目—普及读物 Ⅳ.①Q959.848-49

中国版本图书馆CIP数据核字（2015）第078865号

策　划　胡名正
责任编辑　刘湘雯

名家科学眼

稀奇古怪的猿猴王国
——走近人类近亲

华惠伦　胡名正　编著
上海科学普及出版社出版发行
（上海中山北路832号　邮政编码 200070）
http://www.pspsh.com

各地新华书店经销　北京市艺辉印刷有限公司印刷
开本 787mm×1092mm　1/16　印张 8　字数 160 000
2015年8月第1版　2018年4月第2次印刷

ISBN 978-7-5427-6458-4　　　　　　　定价：29.80元

作者的话

——猿猴是最高等的动物

在整个动物世界里，猿猴是一类最高等的动物。动物学家和人类学家经过大量的调查研究，已经发现猴子有196种，猿或类人猿现在有9种（也有学者认为是十余种）。它们与人类一起，在动物分类学上，统属于哺乳动物纲中的灵长目。通常，人们所说的"灵长类动物"或"灵长目动物"，指的是除去人的猿和猴。

人们假日漫步动物园，似乎一眼就能够将猿猴和其他动物区别出来，但从科学鉴别上来说，还得研究其微观上的内容。据科学家长期观察研究，发现猿猴有以下10个主要特征：一是除少数种类例外，拇指（趾）与其他指（趾）对生、指（趾）端具有指甲（原猴类后肢一部分具爪）；二是前、后肢都能够握物；三是有的有尾巴，有的无尾巴；四是眼眶向前，围以骨环；五是锁骨十分发达，与前肢的活动能力相关联；六是跖行，即靠脚面上接近脚趾的蹠骨行走；七是绝大多数种类主食果实和谷物，也吃昆虫和肉类；八是通常群栖，主要生活在

猴

猿 —Matthias Trautsch 提供

黑猩猩 –Rennett Stowe 提供

树上；九是大脑有后叶，发达；十是雄性阴茎裸露，阴囊下垂，雌性有月经周期。

灵长类动物可以分为高、中、低三级。大猩猩、黑猩猩、猩猩和长臂猿与人一样没有尾巴，属于高级或高等灵长类动物，一般被称为猿或类人猿。类人猿又可分为小型类人猿和大型类人猿。长臂猿个儿不大，论智商也不见得比一般猴类更高，可是它已经没有尾巴（有无尾巴是猴与猿的最显著区别），在生物进化阶梯上占有较高地位，属于小型类人猿。大猩猩、黑猩猩和猩猩都是大型类人猿，在智商上远高于长臂猿。绝大多数猴子具有或长或短的尾巴，为中级灵长类动物，也有人统称它们为真猴类。另外，大约还有二十余种猴子，也有长短不一的尾巴，外貌似真猴但又非真猴，如狐猴、蜂猴、眼镜猴、婴猴、指猴等，都是原猴类（也有叫狐猴类的），属于低级或低等灵长类动物。它们虽然也有猴的名称，但在动物分类学家和灵长类动物分类学家的眼里，它们只属于半猴类。

雄性大猩猩 –Brocken Inaglory 提供

猩猩 –Greg Hume 提供

猿猴的分布,以南亚、东南亚、拉丁美洲和赤道非洲那些热带国家居多。我国共有21种猿猴(包括2种蜂猴、3种金丝猴、6种叶猴、6种猕猴和4种长臂猿),约占世界猿猴种数的十分之一。其中6种(3种金丝猴、白头叶猴、台湾猴和藏猕猴)是我国特产。尽管我国不是猿猴的分布中心,但比起同纬度的世界其他地区,例如南欧、北非、中东、北美洲等处,猿猴的种类又多得多了。位于上述地区内的许多国家,甚至连一种猿猴都不产。与我国面积相仿或更大的美国、加拿大和俄罗斯就是这样。

猿猴与人类同属于灵长类,亲

长臂猿 –Greg Hume 提供

蜂猴 –Silke Hahn 提供

金丝猴 –Giovanni Mari 提供

缘关系较密，生理上与人类十分接近，用它们做实验得出的结果，往往适用于人类本身，所以它们与人类健康和科学的发展有着密切的关系。早在20世纪50年代初期，人们就利用猕猴的肾细胞培养物，研制出脊髓灰质炎疫苗，在战胜小儿麻痹症上收到了显著的效果。今天，随着现代生物学和医学的发展，要求以猿猴作为实验材料的课题日益增加。在现代医学生物学、动物行为学、环境学、毒理学、生殖生理学、神经生理学、微生物学、免疫学的研究中，猿猴作用显著。特别在探索动物和人类生殖生理规律的研究中，猿猴更有特殊的功用，因为只

雄性灰叶猴-Marcus334 提供

有它们才和人类一样具有月经周期。科学家们正期待着利用猿猴作为材料来揭示人类的生殖规律，以寻求控制生育的正确途径。

人是从古猿进化而来的，可是古猿早已灭绝了，所以研究现存猿猴的行为及其分子结构，对充实进化理论具有重要意义。传统的说法认为，人与动物的区别是前者有意识、语言，能制造工具和劳动。近数十年来，科学家们在研究猿猴（尤其是大型类人猿）的过程中，发现它们具有许多类似于人类的现象。

今天，猿猴的处境虽然有了改善，世界上许多国家都制定保护法规（我国已将所产的21种猿猴都列为国家

猕猴-Iolaire 提供

一、二级保护动物），建立自然保护区，可是"数量锐减"、"濒临灭绝"、"救救××"的呼声和报道仍频频出现。这就不得不引起人们的深思：偷猎的现象是否还经常出现？自然保护区究竟管理得如何？对非法捕捉和杀害猿猴者打击是否有力？在开发森林资源时是否考虑到猿猴的生存环境？向民众宣传保护猿猴的工作做得怎样？如果这些问题基本上得到了解决，我们相信地球上的猿猴不但不会与人类告别，而且一定会更加兴旺。

古猿

目录

有趣的婴猴家族
最迷人的野兽 / 1
婴猴中的"侏儒" / 1
小婴猴与黑尾婴猴 / 2
最大的婴猴 / 3

懒得出奇的蜂猴
个儿小名字多 / 5
究竟有多懒 / 5
列为一级保护动物 / 6

大狐猴与环尾狐猴
狐猴之乡 / 7
受尊敬的大狐猴 / 7
有趣的环尾狐猴 / 9

值得一提的其他狐猴
会跳舞的狐猴 / 10
鼠狐猴与丝狐猴 / 10
冕狐猴与维氏冕狐猴 / 11
另外几种狐猴 / 12
谁是狐猴的祖先 / 14

迷你猴——狨
狨是什么样子的猴子 / 15
最小的猴子——倭狨 / 15
金狮狨获"美猴"锦标 / 16

吃树胶的黄头狨
实行"母系社会制" / 17
与众不同的主食 / 17
也吃昆虫与果实 / 18

不合群的眼镜猴
外貌奇异 / 19
性情孤僻 / 20
母幼情深 / 20

命如悬丝的指猴
长期迷惑科学家 / 21
最奇特之处在肢上 / 22
最濒危动物之一 / 23

貌如蜘蛛的蜘蛛猴

两类陌生的僧面猴
名称颇多的僧面猴 / 25
红背僧面猴大会餐 / 26

疣猴与长尾猴
疣猴十分美貌 / 27
长尾猴的特殊报警声 / 27

重"亲情"的绒毛猴
亚马孙河流域特产 / 29
乘舟观猴 / 31
陆地跟踪观察 / 31

白秃猴传奇
绰号"老头猴" / 33
世界上有几种秃猴 / 33
百余年后新考察 / 35

吼猴内幕
叫声最响 / 36
"吼声战"与"肉搏战" / 37
"幸福雌猴"与"倒霉雌猴" / 37
"杀婴犯"与"婴猴" / 38
"不饮猴"与节能 / 39

难得见到的夜猴
奇异的长相 / 40
独特的眼睛 / 40
奇怪的叫声 / 41
食性和生活 / 41

与众不同的长鼻猴
选择考察点 / 42
奇在鼻子 / 42
既好动又好静 / 43
有趣的觅食行为 / 44
游泳和潜水能手 / 45
保护长鼻猴是当务之急 / 45

探索狒狒的秘密
从相识到亲近 / 47
有趣的小狒狒 / 48
共同防御敌人 / 49
看管山羊的能手 / 50

聪明伶俐的猕猴
猕猴是个大家族 / 51
分布最北的猴种 / 51
"闹事"与"政变" / 52
执教当老师 / 53
放养猕猴 / 54

峨眉山观藏猕猴
要"买路钱" / 55
"欺陌生"和"欺软怕硬" / 55
向人反击 / 56
通情达理 / 56

观猴注意 / 57
我国特产 / 58

为台湾猴做"红娘"

仅产中国台湾 / 59

熊猴、短尾猴和豚尾猴

酷似猕猴的熊猴 / 60
短尾猴与藏猕猴不能相混 / 61
陌生的豚尾猴 / 62

金发美猴——金丝猴

最漂亮最珍贵 / 63
团结友爱的集体 / 64
又聪明又机灵 / 65
两桩趣事 / 65
稀世珍宝——黔金丝猴 / 66
滇金丝猴也极为珍稀 / 68

金丝猴的近亲——叶猴

谭邦杰发现新种——白头叶猴 / 70
黑叶猴不是我国特产 / 71
最大的叶猴——长尾叶猴 / 73
最美的猴子——白臀叶猴 / 74
菲氏叶猴与戴帽叶猴 / 74

山都与山魈

聪明的山都 / 76
凶暴的山魈 / 78

卷尾猴和松鼠猴

人称泣猴的卷尾猴 / 80
松鼠猴的"五奇" / 80

疾如飞鸟的长臂猿

最小的类人猿 / 83
杰出的"杂技演员" / 85
最出色的高音"歌星" / 86
救救长臂猿 / 86

濒危的猩猩并非独居者

十大濒临灭绝物种之一 / 88
并非绝对独居者 / 88
社交活动 / 90
爱情生活 / 91

森林中的"金刚"——大猩猩

大猩猩究竟有几种 / 93
建立研究中心 / 95
群中的"首领"变换 / 96
没有想象中的凶残 / 96
爱情专一 / 97

倭黑猩猩的和平王国

倭黑猩猩与普通黑猩猩 / 98
倭黑猩猩的社会 / 101

了解黑猩猩的取食

究竟吃什么 / 103

抢夺狒狒残肉 / 103

合作捕猎和共同享用 / 105

杰出的工具使用者 / 105

科学思考录：黑猩猩与人类最接近

形态上和生理上相似 / 108

表情上相似 / 108

围猎与共享上相似 / 109

使用工具上相似 / 109

语言上相似 / 109

社会意识上相似 / 110

"政变"行动上相似 / 110

模仿行为相似 / 111

自我治疗相似 / 111

DNA 分子结构相似 / 112

科学思考录：猿猴为何如此聪明

智商与生态 / 113

聪慧的"两重因"学说 / 114

猿猴的逻辑思维 / 114

社交意识与"政治"行动 / 115

记仇与报复 / 115

智力进化 / 116

有趣的婴猴家族

最迷人的野兽

在非洲的丛林里，生活着一类长相奇特、行动敏捷、善于"表演"的动物，名叫婴猴。英国著名猿猴学家哈米什·汉密尔顿教授称它们为"最迷人的野兽"。

婴猴虽然属于猴子，但是外貌又不像人们常见的猴子。身体因种有大小差异，大体上似松鼠般大小；眼睛大而圆，耳朵像蝙蝠，面容略似猫；后肢通常较长，股部肌肉十分发达，富有弹跳力。跳跃似袋鼠，不全靠后肢，一条肥长的尾巴向后倾斜竖起，起平衡身体的作用。

自从动物学家把这类最迷人的野兽命名为婴猴之后，曾经有一些人误认为它们是刚从母猴肚子里生下来的婴猴，其实它们是因叫声似婴孩的哭声而得名。婴猴虽然与蜂猴是近亲，同属于原猴类，为低等种类，但是它们的尾巴要比蜂猴肥长得多，而且行动敏捷活泼，不像蜂猴那样慢条斯理。

婴猴是个小家族，种类不多，只有六七种。

婴猴中的"侏儒"

在婴猴家族里，有一种个头特别小的成员，体长只有14厘米，尾长约18厘米，动物学家给它定名为倭丛猴。倭丛猴非常好玩，能够在一个人的手掌里呆上好长时间，又会以水平方向跳跃30多厘米，难怪有人称它为"好静又好动的小兽"。

在英国自然历史博物馆里，人们见到的倭丛猴标本，身体上侧是灰、灰褐、褐、黄褐等几种颜色的混合色，下侧色浅，为奶油色。可是，野生的活倭丛猴，身体上侧却呈现最引人注目的鲜绿色，下侧是艳丽的橘黄色。所以常常使人们产生错觉，误认为它们是同形异色的两种不同的倭丛猴。后来，经过动物学家的仔细观察和精心研究，终于发现了其中的奥秘。

原来，野生倭丛猴身上鲜艳的绿色和橘黄色，并不是它原有的体色，而是生长在它体毛上的一种微小的藻类孢子的颜色。因此在倭丛猴死后，或者在人工饲养

倭丛猴 -penCage 提供

下，这种颜色就会很快地消失掉。由藻类孢子产生的体色，对倭丛猴起到保护作用，使它们生活在茂密的丛林中不易被敌害发觉，连当地有经验的猎手往往也难找到它们的踪迹，这可能是倭丛猴能够生存到今天的一个重要因素吧！

一般的婴猴是昼伏夜出，而倭丛猴白天也外出活动。动物学家在非洲赤道森林地考察时，发现它们喜欢栖息在30米以上的巨树上。晚上，它们睡在树洞中，或者在厚厚的叶丛里将身体蜷作一团，人们只能靠它们的圆大眼睛发出的光亮来发现它们。倭丛猴是杂食性动物，除了吃昆虫、树蜗牛、雨蛙和其他小型动物外，更多的是吃植物。它们特别喜爱吃绿色坚果里的核仁，如杏仁。这是许多猴类的共性。

倭丛猴的牙齿构造，与它们的亲属——蜂猴和狐猴十分相似，有向下长的微小上前齿和向前长的长下前齿，还有两对向前倾斜的犬齿，最后是伸长的前白齿。最有意思的是，倭丛猴有两条舌头。在一条肉质的正常舌头之下，又长出一条软骨状的伪舌头。伪舌头有两个主要用途：一是梳理美丽的体毛；二是去除牙齿中的污物。倭丛猴爱梳妆打扮，在吃食前后总是要梳理一下多少有点蓬乱的体毛。

倭丛猴的手和足是最奇特的了。它们的踝骨特别长，形成了像鸟肢一样的第三节，使它的脚有很大的弹跳力。它的手指和趾长而细，大拇指和大拇趾十分发达，与其他指、趾相对。所有指、趾的端部是膨大的球状肉垫，上有类似人一样的指（趾）纹。除第二指（趾）具有小的扁平指（趾）甲外，其他各指（趾）都是长而弯曲的爪，用来搔痒。耳朵裸露无毛，大似扇，常贴伏头上。

对倭丛猴的繁殖，人们知道得很少，可能是一年生育两次。

小婴猴与黑尾婴猴

小婴猴又名婴猴，生活在非洲撒哈拉沙漠西面的狭长森林地带，是人们最早发现的一种婴猴，因为它身体和尾巴呈灰色，外貌有点像鼠，所以有人称它为灰鼠婴猴。它曾经是人们特别喜爱的玩赏动物，尤其在美国纽约，市民饲养甚多。

在许多方面，小婴猴不像倭丛猴。它的身体较大，体长在16厘米~20厘米，尾长23厘米~25厘米，体色基本上呈灰色；它行动与蜂猴一样，喜欢用足单独倒挂在树枝上。它白天隐匿在树木的冠层叶丛里睡觉或休息，夜间出来活动。它还有两个奇怪的习性：第一，它常常用自己的尿去浇湿手和足，据说这样有利于抓握东西；第二，遇到食物时，它先用指头去摸一下，接着用鼻子去嗅一下或者用舌头去舔一下，然后才吃。看来，小婴猴还很讲究"饮食卫生"呢。

小婴猴的家庭由"家长"婴猴、母婴猴、年轻婴猴和幼婴猴组成，各自以独特的方式联系。"家

婴猴 –penCage 提供

长"婴猴通常由年长的雄婴猴担任，其他婴猴都服从它的管教，很有权威。在一个小婴猴家庭里，顽皮的幼婴猴经常吵吵闹闹，此刻只要"家长"婴猴怒叫一声，它们都会乖乖地安静下来。小婴猴十分聪明，它们开始见到考察人员时，避而远之，

黑尾婴猴

后来发现他们并无恶意，就慢慢地从怕人到接近人，表现出一副以礼相待的模样。

黑尾婴猴是一种尾巴为黑色、体形较小的婴猴，生活在非洲西部的尼日尔的贝努埃和刚果的乌班吉河之间的森林地带，人们对它们的了解比较少。黑尾婴猴还是"跳跃能手"，有"跳跃婴猴"之称。跳跃时，它伸开臂和腿，形似猛禽展翅，从树林中飞跃而出，它的长着绒毛状的尾巴在后面猛烈挥动，像一只转动的螺旋桨，推着它向前跃进，然后徐徐地降落在地面。

黑尾婴猴也是昼伏夜出的动物，以食植物为主，也吃一些动物。

最大的婴猴

大婴猴的尾巴长约35厘米，而且很粗，故又名粗尾婴猴。它的体长可达35厘米以上，是个头最大的婴猴。它的体毛不仅浓密呈羊毛状，而且十分美丽，有淡紫、鸽灰、浅红棕、橙黄等多种色泽混杂。尤其是它巨大的耳朵，能够呈现各种形状的

大婴猴（粗尾婴猴）-buecherfresser 提供

皱褶,十分滑稽可笑,因而它被誉为"美耳婴猴"。

大婴猴生活在非洲东海岸,以及安哥拉的宽阔地带和刚果南部。它们是开阔混交林区的居民,一般栖息在森林的中、下层,不接近树冠层。在地面上奔跑时,主要靠两只粗壮的后腿跳跃式前进,其姿势与袋鼠、跳鼠相似。

大婴猴除了体大、色艳之外,还十分善于表演,逗人喜爱,因此,深得大型动物园的青睐。饲养在动物园里的大婴猴,一般生活在一个好像杂技剧场的圆形建筑似的铁丝笼里。笼内架有规则的铁条,放上食物盘子和饮料,并设专人导演。导演一声长哨,几只大婴猴"演员"就立即登场表演。先是上下、前后、左右来回地跳跃,紧接着是在圆笼里兜圈,它们在观众的掌声和赞叹声中越演劲头越足。大约表演半个小时以后,导演吹两声短哨,大婴猴"演员"就停息下来,各自轻轻地掸拂体毛上的灰尘,然后跑到存放食物盘子的地方,一边吃食物,一边饮牛奶和水。食毕,它们跳到一个较高的地方,继续演第二个"节目":它们用舌头舔舔手指,然后用手去擦擦眼睛;它们将唾液吐在手上,然后去涂抹自己大而裸露的耳朵;最后是花约一个小时,反复地梳理体毛,清洗自己身上的几乎每一部位。

大婴猴在野外是昼伏夜出的,到了动物园后,驯养员经过艰苦的训练,才使它们能在白天进行表演。

在婴猴家族里,还有一种鲜为人知的婴猴:因为它们的指和趾的中央有一个尖锐的针状伪爪,故叫尖爪丛猴。

尖爪丛猴的大小与大婴猴差不多,但性情狂暴且易怒。有人在野外,曾目睹一只尖爪丛猴抓住一只活鸟,用利爪剥去它带羽毛的皮,并撕成小块,然后咀嚼而食。在西非,动物学家饲养的一只尖爪丛猴,曾向一名饲养员发动突然袭击,用短而坚实的手和足抓住他,还猛咬了他一口。动物学家认为,尖爪丛猴可能是婴猴家族中最凶猛的种类了。

北方尖爪丛猴 -Joseph Wolf 绘画

懒得出奇的蜂猴

个儿小名字多

蜂猴（懒猴）分布在亚洲东南部和非洲的密林中，我国仅产于云南和广西南部的森林里。它的身长只有 30 厘米左右，体重约 1000 克，所以叫它"蜂猴"，形容此猴体小似蜂。蜂猴，也有人叫它"风猴"。在泰国历卡古尔教授的巨著《泰国的哺乳类》中，就作过这样的描述："在平时，它们爬得又慢又审慎，但一遇到起风时，它们就爬得很快，也许这就是为什么泰国人叫它 ling lom(就是风猴)的原因。"历卡古尔教授又说："雌猴在发情时常好发出一种啸声。据中国人说，这种啸声预示着将要起风，很可能这也是泰国名称'风猴'的另一个根源。"这种猴子头圆耳小，眼大而圆，周围还有一圈黑框，好像戴着一副墨镜。它身披短而厚密的棕灰色体毛，背部中央有

蜂猴 —Helena Snyder 提供

一条长长的栗红色纵纹。它的尾巴极短，只有 2 厘米长，藏在毛丛中不易被人发现，不知内情者还以为它是没有尾巴的猴子呢！

大多数人把蜂猴称为"懒猴"，这比"蜂猴"和"风猴"似乎更为确切。笔者将"蜂猴"作为此猴的主名，是根据《国家重点保护野生动物名录》而来。

究竟有多懒

在猿猴世界中，蜂猴是出名的"懒汉"。白天，它不像其他猴子那样蹦蹦跳跳、打打闹闹，而是安安静静地在树洞里、树干上，一动也不动地抱头睡大觉。这时候，蜂猴蜷缩成一个圆球，鸟啼兽吼，无法惊醒它；鸣枪放炮，也很难轰醒它。如果你

走上前去，拼命摇晃它的身子，它即使被惊醒，也只是睁开惺忪的眼睛看上一眼，懒得挪动一下身子，便又沉沉睡去，真是懒得出奇。据动物学家研究，蜂猴所以如此懒惰，主要是它的听觉已经退化的缘故。

夜幕降临了，睡了整整一个白天的蜂猴才慢慢地苏醒过来。它不会跑，也不会跳，只能用短而粗的四肢在树上爬来爬去。它的动作非常缓慢，走一步似乎要停两步，而且边走边东张西望。有人曾作过一番观察，蜂猴挪动一步，竟需要12秒钟的时间。

蜂猴的眼睛适应夜间视物，一旦发现树上的昆虫，它就不慌不忙地爬过去，一口一口地吞食掉。它还会悄悄地接近鸟巢，神不知鬼不觉地抓住酣睡的小鸟。吃完了小鸟，它还会把鸟巢中的蛋洗劫一空。据说，它特别喜欢吃蝗虫。各种可口的野果，也是它的美味佳肴。在食物不足时，它采摘嫩叶充饥。

将近天亮时，蜂猴又睡觉去了，真是懒极了。

蜂猴为什么夜晚头脑清醒，而白天却昏昏沉沉，躲在树上睡懒觉呢？科学家经过长期研究，终于发现，在金灿灿的阳光下，蜂猴的大脑会分泌出一种神秘的激素，是这种激素使蜂猴昏昏欲睡的。有人在大白天给一只活蹦乱跳的狗注射这种激素，结果它很快就呼呼入睡了。如果是在晚上给狗注射这种激素，那么它一点反应也没有。由此看来，这种激素只有在阳光下才能发挥作用。

列为一级保护动物

蜂猴虽然不是我国的特产动物，但是在我国数量极为稀少，所以被列为国家一级保护动物，严禁捕捉和杀害。至于蜂猴数量稀少的原因，动物学家认为除了分布区狭窄之外，与动物本身生活习性上的弱点也有很大的关系。如果猎人在白天发现蜂猴在树上睡觉，可以不费吹灰之力，一下子就将它逮住。夜晚捕捉蜂猴也是轻而易举的：它们在树上觅食，猎人只要用手电筒一照，就会发现那对明亮的眼睛，它们就乖乖地就擒了。在强敌面前，这种猴子既无还手之力，又无招架之功，只能成为对方腹中之果。

在蜂猴家族里，共有11种成员。原来只知道我国仅产一种，即蜂猴。1986年，在云南个旧动物园展出的5只倭蜂猴是从离个旧不远的文山、马关等地收集到的，因此纯系国产。倭蜂猴又叫小懒猴，个子较蜂猴更小，体长只有20厘米～25厘米。它的背部体毛呈棕红色，腹部是棕灰色，背中央的纵纹没有蜂猴明显。国内仅分布在云南西南部，生活习性与蜂猴相类似，数量极少，我国也将它列为一级保护动物。

大狐猴与环尾狐猴

狐猴之乡

狐猴仅产于非洲岛国马达加斯加和科蒙罗群岛，所以显得珍稀。马达加斯加的狐猴种类和数量，远比科蒙罗群岛来得多。据科学家近期调查，认为科蒙罗群岛上的狐猴种类，在马达加斯加都有，因而马达加斯加自然就成了"狐猴之乡"了。

马达加斯加位于印度洋中，离莫桑比克东海岸近400千米，面积约59万平方千米，为世界第四大岛。它所处的地理环境，与澳大利亚相似，四面环水，仿佛漂浮在洋面上。这一与世界其他大陆隔离的岛屿，有人估计在9000万年~2000万年前就形成了，所以马达加斯加有与众不同的独特生物类群，狐猴就是其中之一。据《神岛》一书的作者理查德·班斯教授及美国北卡罗来纳大学迈克尔. D. 斯图尔特博士的新近考察：马达加斯加的植物种类繁多，大约86%、计一万种的有花植物是岛上特有的，这就为狐猴的生存提供了理想的栖息地和丰富的食源；目前生存的狐猴共有29种，比以前报道和记载的要多。其中大狐猴与环尾狐猴是最著名的。

据文献记载，大约在5000万年前，地球上已经出现了狐猴。当时狐猴分布较广，不仅非洲有，而且也产于欧洲和北美洲。后来，由于较高等、较大型猴类的出现，狐猴在与它们争夺食物和栖息地时失败，致使大多数地区的狐猴逐渐消失，甚至灭绝。而马达加斯加却不同，因为有印度洋海壕的保护，其他猴类和食肉兽无法到达，所以狐猴在这一安逸的"世外桃源"里，能够无忧无虑地享受丰硕的花果和树叶，一直幸存到今天。

受尊敬的大狐猴

现存的狐猴都是小个子，大狐猴虽然算是最大的了，但体重也不过近6000克，体长只有60余厘米，尾巴特别短，仅有3厘米，与体长相比，显得极不相称，还时时隐匿于毛中，仿佛没有尾巴，因而有人叫它"无尾狐猴"或"缺尾狐猴"。它的毛色非常奇特，在不同强度的光的照射下，一忽儿似白，一忽儿像黑，往往使人

大狐猴 —Oliver Gärtner

误认为是两种不同的狐猴。当地人叫它"矮树狗"、"林中之犬",这是因为它的耳朵较大较圆,毛长在耳背和边缘并到头侧,眼睛睫毛很长,充满情感和狗状表情,这些特征与狗相似。

大狐猴的拉丁语名字叫"ghost",意即"幽灵"或"鬼",这可能与大狐猴的神秘叫声有关。因为大狐猴叫声洪亮,声音与人的哭泣声和狗在极疼痛时的号啕相似,又像萨克斯管吹出来的悲哀曲,使人听得毛骨悚然,而且它们多在凌晨、夜间发出这种叫声,所以格外令人觉得恐惧。实际上,大狐猴发出叫声有两个主要意图。一是告诉其他狐猴:"这里已经是我们的领地,请勿入内!"二是在受到惊吓或威胁时,大狐猴会成群或"一家人"抬起头来,向惊吓源或企图来犯者发出嘲骂声,声音汇合起来,在密林中可传到数里之外。

大狐猴身体结实,大拇指粗壮,与其他各指对生,看上去像一把大卡钳,它们能强有力地抓握住树枝,甚至能抓握住粗糙的树干。它还是猴类中的出色纵跳者,在树林间跳来跃去,可以连续腾空纵跳很长时间,作长距离空中"旅行"。大狐猴大部分时间栖居于树上,很少下地面活动。它们除了吃树叶外,还爱食鸟脑。这种吃脑食性,在动物世界是比较少见的。

根据科学家考察,其他狐猴似乎很少栖息于人类居住的村落,而大狐猴却经常出没在人们居住的地方。难道它们不害怕人类的捕捉和杀害吗?原来,马达加斯加人自发地禁猎大狐猴,因为在他们的眼里,这种狐猴与自己的祖先一样:几乎终年栖居于树林,加上几乎无尾,大拇指与其他指对生,行为有点像人。在马达加斯加人看来,谁要是杀害一只大狐猴,等于谋杀自己的一个亲属,将会受到众人的严厉指责。同时,当地人们也受到传统的迷信思想的约束,认为谁要是伤害了大狐猴就会受到报应——轻则生病,重则丧生。这样久而久之,大狐猴见到人类对自己毫无恶意,就延伸到人类居住地活动了。

有趣的环尾狐猴

环尾狐猴是动物园里最常见的一种狐猴,它体大如猫,发出的"咪咪"声也和猫叫相似,故又名"猫狐猴"。这种狐猴,体形健美,具有柔软和紫灰带白色的毛皮,两只柠檬色的眼睛,鼻子和手脚的裸露部分都是乌黑发亮的,一条黑白相间的长尾巴可以缠绕到自己的颈脖,外貌十分清秀、美丽,在动物园里不仅游人爱看,而且还是艺术家,尤其是雕刻家的理想创作模型呢!

环尾狐猴身上有三处臭腺:一处是雄性特有的,位于胸部与腋窝的连接处,是充满恶腥味液体的囊,腺液能通过短毛区排出体外;另一处是雌雄性都有的,位于腕关节内侧,是裸露的隆起黑皮块,腺液通过一个顶端分叉的角状突起排出体外;再一处在生殖器周围,也是雌雄性都有的。环尾狐猴不仅用臭腺排出臭液作为路标和领地的记号,而且还用作攻击敌人的武器。当它们遇上敌害时,会用力地多次弯曲手臂,摩擦它们的腕部和腋窝的臭腺;同时挺起腰部,将多毛的尾巴竭力向背部甩动,把臭腺所分泌的臭气朝前扇去,直接吹向来犯者。科学家在考察时目击,有时几群环尾狐猴在领地边界发生冲突,它们就以此方式,像连珠炮似的放出臭气,战斗可达一个多小时之久。

在狐猴家族里,可能要数环尾狐猴最喜欢社交活动了。它们成群地在森林底部挤在一块休息、嬉戏和梳理体毛。母狐猴对幼仔十分疼爱,经常怀抱着幼仔,还不时地用鼻子去吻它们的面部,而幼仔投在"妈妈"怀抱之中,尽情享受着"母爱"的温暖。外出时,母狐猴总是背部驮着幼仔,一起四出"旅行",时刻受到"妈妈"的保护。爱热闹的环尾狐猴"妈妈"们,还常常喜欢带着自己的"儿女",聚集在一块玩耍。这时候,贪玩的小狐猴们兴高采烈,不怕陌生,从自己的"妈妈"身上爬到其他"妈妈"身上,有时一个环尾狐猴"妈妈"被几个小狐猴缠住不放。大多数的狐猴"妈妈"伏在地上,亲热地舔着这些爱闹的顽皮"孩子"。看来,爱幼似乎是母环尾狐猴的天性,不管小狐猴怎样吵闹,它们都难得会发脾气。

环尾狐猴-Alex Dunkel 提供

值得一提的其他狐猴

会跳舞的狐猴

许多大小如猫，具有狐状长吻，身后拖着一条松鼠样长尾巴的狐猴，它们经常在栖息地手舞足蹈，显得特别活跃。一些目睹者常说："狐猴们在举行舞会了。"还有一些科学工作者，似乎对狐猴的舞蹈行为颇感兴趣，能说出它们在跳什么舞。

几只米色西狐猴在林间的一条小公路旁，举起双手，跃身到路中央后两足垂直落地，有的仅是一足

红额狐猴 –ChrisStubbs 提供

着地，然后又起舞跃身到公路的对侧，仿佛是人在跳芭蕾舞，因而它们又获得"芭蕾狐猴"的雅名。

一群红额狐猴站立在一棵章鱼状大树的粗枝上，长时间地向左右扭曲着身体，而且彼此动作较齐，颇像人们在跳摇摆舞。因为它们在树枝上跳舞，显得非常惊险，一不小心可能会跌落至地面，所以又似杂技演员在做高空表演。

鼠狐猴与丝狐猴

在现存狐猴中，论个头当推鼠狐猴最小了。它只有一只刚出世的小猫那么大，外貌却像老鼠，因而得名"鼠狐猴"。鼠狐猴除了个儿小以外，最令人注目的是一个塌鼻子和两只大眼睛。这种狐猴的习性也与鼠类相似，生活在树林中的洞穴里，白天进洞伏窝休息，一到夜幕降临，它们就显得特别活跃，到处攀爬，常常喜欢在最细的枝条上奔跑，好像杂技演员在表演"走钢丝"，而且不管发生什么事情，它们似乎都不在意，毫无恐惧之感，这可能与它们个儿小、临空有安全感有关。

在马达加斯加,有人说丝狐猴又美丽又灵活。这种个儿比环尾狐猴大的丝狐猴,体毛与众不同,浑身长着纯白色的丝状软毛,在阳光照射下闪闪发亮,有一条长尾巴。它的后肢比前肢长,常常从一棵树起跳,可跃向四五米远的另一棵树上,真是个"跳远能手"!它的臭腺位于下颌之下,常在笔直的树枝上摩擦放出臭气,然后再在树皮上洒些尿,以此来记下自

鼠狐猴 –Bikeadventure 提供

己的领地。最后扭动臀部,慢慢地爬到树的高处。据科学家新近研究发现,丝狐猴、环尾狐猴和大狐猴等虽然在白天活动,但是它们的眼睛视网膜后有一个反射层,可以在暗淡的光线下增加视力,因而也能够在夜间活动。

冕狐猴与维氏冕狐猴

冕狐猴与维氏冕狐猴在形态和其他方面,比起别的狐猴来,更像较高等的真猴类。它们的面部裸露、黑色、扁平,吻部不像其他狐猴那样长而呈狐吻状。行动比较缓慢,通常似蜂猴那样显得十分慎重。在地面上行走时,用后肢支撑,

冕狐猴 –Tom Junek 提供

维氏冕狐猴 –Jose Antonio 提供

或伸展前肢一起跳跃前进。虽然它们是树栖动物，但偶尔也下地面觅食，或者在矮灌木丛周围玩耍。它们结小群活动，专吃叶芽和花朵。

冕狐猴的体毛与大猫熊相像，黑白分明，十分触目；维氏冕狐猴的体色则是白、灰和多种棕色相结合，没有前者那样引人注目。这两种冕狐猴的上树动作，与人爬树一样，头部朝上，垂直而上。它们的后腿像青蛙一般，非常强壮有力，常常从一棵树起跃，弹跳到6米远的另一棵树上，所以被科学家誉为"跳远健将"。

"迪斯科"是当前人类社会较为流行的一种健身舞蹈，而维氏狐猴也会跳：一只维氏狐猴直立地站在地面上，双臂匀称地高高举起，两手向前弯曲，头部朝前稍稍低下，两条袋鼠状的长腿交叉往返频频舞动，一条米色的长尾巴笔直地垂下，几乎可以触及地面，活像一个人在跳"迪斯科"，所以科学家又叫它"迪斯科狐猴"或"迪斯科猴"。

另外几种狐猴

黑狐猴 –Olivier Lejade 提供

在狐猴家族里，黑狐猴是容易被人识别的。因为它的耳朵上有长而蓬松的耳簇毛，尾巴上也有浓密的尾毛，两只眼睛是橘黄色的，与黑色的体毛形成明显的对照。不过雌猴身上有浅棕色体毛，不像雄猴是全黑的。这种狐猴也栖息在树冠上，行动敏捷得惊人，在树林间的跳跃速度要比短跑运动员在地面上的奔跑速度快得多。在树上遇有惊吓或敌害追捕时，

红领狐猴 –Hans Hillewaert

雌性白领狐猴 –Brocken Inaglory 提供

值得一提的其他狐猴

它们会从高大的树顶上跃到地面，在地面上奔跑一段距离后又跃至另一棵树的冠层，往往使来犯者望尘莫及。

在考察队员宿营处的屋顶上，几十只领狐猴跳跳蹦蹦，它们的小脚步发出的"卜卜"声，科学家们听得清清楚楚。他们出屋抬头朝屋顶上一望，原来是领狐猴们在表演"踢踏舞"呢！会跳舞的领狐猴有红领狐猴与白领狐猴两种，前者颈脖上长有红色的浓密长毛，后者的长毛是白色的，看上去分别像红色和白色的领头，故得名。

科氏倭狐猴的头顶和面部两侧长有白色毛，远看像戴着一顶白色挡风防冷的绒帽。褐狐猴、獴美狐猴和红腹狐猴的体色都是棕色，区别在于颜色的深浅。在行为上，褐狐猴好动，日夜都外出活动；獴狐猴是一种行动斯文、美妙可爱的小型玩赏动物；红腹狐猴行动敏捷，行走的姿势很像环尾狐猴。

科氏倭狐猴

褐狐猴 –David Dennis 提供

獴美狐猴 –Bernard Gagnon 提供

红腹狐猴 –Rachel Kramer 提供

谁是狐猴的祖先

关于狐猴的祖先，目前学术界虽有争议，但大多数学者认为，狐猴的祖先是与树鼩类似的一种食虫类动物，而树鼩，不是灵长类动物。

树鼩的身体只有10厘米～22厘米长，大拇趾与其他趾不对生，不能真正抓握物体。而且每一趾端具有尖爪，不是扁平的钝趾甲。它的眼睛位于尖吻

树鼩 –Stavenn 提供

的两侧，视野仅部分重叠。绝大多数树鼩生活在东南亚森林里的地面上，只有一两种树鼩能像松鼠那样沿着树枝奔跑。树鼩一般（只有一种例外）白天在下层丛林里活动。

在很大程度上，树鼩依赖于嗅觉，而不是视觉。一只树鼩洒下一小滴一小滴的尿作为标记，并从鼠蹊部和颈部发出似麝香的气味强化，以此来划定自己的领地。它的鼻子十分灵敏，鼻端有两个鼻孔，形似颠倒的逗点，周围是裸露、湿润的皮肤，很像狗的口鼻部。人们常见这类动物用尖吻在地面或矮树丛边探测。

乍看起来，树鼩与猴、猿有很大区别，可是它们确实具有狐猴的特征，而且早期的动物分类学家曾将树鼩与猴、猿一起归入灵长类动物。这表明与树鼩类似的动物有演变为狐猴的可能性。

迷你猴——狨

狨是什么样子的猴子

"狨"一词来自英文"marmoset",它的最早含义是"侏儒"或"矮小"。

狨又叫绢毛猴,仅产在南美洲的热带森林里,是一类小型、低等的猴子,加上它们外貌迷人,行为奇异,因而人们称它们为"迷你猴"。狨是世界著名的观赏动物,私人和动物园饲养的甚多。据科学家统计,全世界大约有二十余种狨,其中倭狨和金狮狨是最令人生趣的。美国动物学家纷纷到这两种狨的产地——亚马孙河流域进行实地考察和研究,为人们提供了不少狨的知识。

最小的猴子——倭狨

倭狨不仅是最小的狨,也是世界上最小的猴子和最小的灵长类动物。倭狨长大了,体重约60克左右,身高只有12厘米多一点,还没有一只松鼠大,所以有人叫它"猴中侏儒"、"微型猴"。

倭狨是南美洲的特产珍奇兽,仅生活在亚马孙河上游的热带雨林里。初见者发现它体小尾长,停息在极为细小的植物枝茎上,常常误认为它是"松鼠"或"鸟儿"。这种小猴不仅长相像松鼠,而且行动敏捷,常在树林间奔东穿西,蹿跳自如,活似松鼠的觅食和避敌活动。不过其行速之快,为松鼠望尘莫及。因此,当地人们叫它"松鼠猴"、"超松鼠"、"鸟猴"等。

倭狨是一种杂食性动物,它除了吃植物的嫩芽嫩叶、花朵和果子以外,也捕食蛾子、蝇类、蛴螬等昆虫以及蜘蛛、鸟蛋和雏鸟,不过,它最喜欢吃昆虫,如果长期不吃,便会缩短寿命,因而有

倭狨 –Karra Rothery 提供

"食虫猴"之称。倭狨吃昆虫是一种返祖现象,因为它的祖先就是吃昆虫的。此外,最近美国生物学家约翰.V.丹尼斯博士还发现,倭狨用尖锐的前爪挖掘树干树枝,或者用自己平伏的牙齿猛啃树皮,然后用嘴巴津津有味地吮吸流出的鲜蜜树液。

倭狨仅产于南美洲,却在世界许多国家和地区成了宠物。据动物饲养家们说,倭狨具有以下几个讨人喜欢的特点:一是个儿特别小,可放在衣袋或手笼之中,故有"囊猴"美称,便于携带取乐;二是性情温顺可亲,容易驯养;三是毛色浓艳,双眼炯炯有神,嘴大常开,加上一条超体长的大尾巴,十分逗人发噱;四是体态灵巧,能屈能伸,行动极其敏捷,训练后会在手掌上运动,能在人身上随处攀缘,并能表演精彩节目。这些特点,其他任何猴种都不能同时具备。因此,倭狨轰动了欧美各国,长期被誉为"最高贵的动物"。早在17、18世纪时,法国和英国一些贵族在公众场所露面时,谁要是不携带一只倭狨,那就大失体面了。今天,倭狨的身价也不低于当年,私人饲养倭狨仍十分风行。

金狮狨获"美猴"锦标

金狮狨又名"金狮柽柳猴"、"金狮绢毛猴"。美国动物学家在亚马孙河流域热带雨林中,一见到这种与众不同的猴子时,便连声称赞:"美猴!真是美猴!"

金狮狨不仅仪表堂堂,一身金丝状柔软体毛,头部狮子样鬃毛四射,加上狮子状面容,看上去活像一只袖珍狮子,威武非凡,漂亮极了,而且体态轻巧,行动十分敏捷,刹那间可从一棵树纵身跳到远远的另一棵树上,或者沿着树干树枝疾跑,其行速为一般猴子所不及,连松鼠也望尘莫及。它们成群地在绿色密林中穿梭时的情景,仿佛神话《西游记》中的众猴活动,金色的猴毛与绿色的树叶交相辉映,真是美不胜收!据报道,在巴西曾举行过一次猴容大赛,金狮狨荣获第一,并获得"最美猴子"的锦标。

美国动物学家在考察中发现,这种美丽的猴子似乎有一种神秘莫测的觉察能力,人们每到它们的一个栖息地,总是未见到其影就先听到其声,它们究竟靠什么来觉察人的到来呢?动物学家推想,或许是金狮狨的视力或嗅觉特别灵,不过这仅仅是没有科学证据的猜测,至今还是个谜。

据报道,目前野生的金狮狨只残存了大约一两百只,另有大约一千五百只被饲养在各国动物园里,所以这种美猴显得格外珍贵。

金狮狨 –Jeroen Kransen 提供

吃树胶的黄头狨

实行"母系社会制"

黄头狨是狨类大家族中的一员，主要生活在南美洲巴西大西洋沿岸的森林中，由于数量极少，因而属于世界上最珍贵的狨种之一。它个儿很小，长大了体重也难得超过 1 磅（1 磅约为 0.4536 千克）。

通常，大约有十来只黄头狨结群共同生活。它的群体沿袭母系社会的制度，繁殖后代的任务仅局限于那只占统治地位的成年雌狨，但是其他所有成员，包括没有资格怀孕的成年雌狨，都有义务抚养幼狨。幼狨常常成对出生，而后开始历时 5 个月的哺乳期。由于黄头狨的怀孕期仅为 5 个多月，而且能够连续繁殖，因此，成年雌狨一年内最多能够分娩 3 次。

黄头狨 –Giovanni Mari 提供

令人奇怪的是，在黄头狨的母系社会制中，一些不允许生育的成年雌狨不仅毫无"怨言"和反抗，而且为抚养后代作无私奉献，这也许是它们成为低级猴子的一个特征吧！由于黄头狨之间的关系十分融洽，使群体变得恒定和牢固，避免受各种掠食动物伤害的安全系数自然也就高了。

与众不同的主食

一般的猿猴，主要吃植物兼食昆虫，而黄头狨却把树胶作为主食，这不仅在猿猴里十分罕见，就在整个动物世界中也是件稀罕事。

每天黎明，成群的黄头狨便紧贴金合欢树蹿上跳下，挖食树胶。树胶含有丰富的营养物质，如碳水化合物、蛋白质和无机盐（特别是钙）等。但是吃树胶受到两大因素的影响：一是树胶受到钻树洞昆虫的侵害，产量十分有限；二是动物消化这种以糖类为主的树胶，需要特殊的肠道结构及其独特的发酵菌群。对黄头狨来说，这两个问题都解决了。

黄头狨已经进化了盲肠的特殊结构，并且有许多发酵菌群，吃下的树胶能够在盲肠中发酵而消化。至于取食树胶，黄头狨另有绝招。它的牙齿与一般猴子不同，前齿又窄又长地向前斜突，当它以爪状的指甲紧抱树干时，这种錾子般的前齿就可以钻入树皮开始挖凿了。

挖取树胶决非轻而易举的事，黄头狨在树上凿洞本身就是一门难以掌握的艺术。通常，树胶仅在洞孔的边缘产生，因此它先通过挖凿大量的小树洞来提高树胶的摄取量。可是，它从不沿着一个树干漫无休止地凿洞，如果那样做，等于"杀鸡取蛋"，必将迅速结束那棵树的生命。

黄头狨喜欢在老树洞中摄取树胶，有些树洞被它光顾的时间长达6年之久。这是因为反复光顾老树洞可以节省挖凿时间和能量消耗。当它确实需要挖凿树洞时，便在老树洞边缘进行"扩大再生产"，这样，它不必花上"九牛二虎之力"就可以获取好收成。

黄头狨还遵守"最短时间"的觅食策略，每天在尽可能短的时间内吃足食物，这一策略的实质也就是减低能量消耗。松鼠猴就与黄头狨不同，松鼠猴从早到晚喧闹不堪地结群捕杀昆虫，消耗能量居猿猴中的榜首。

也吃昆虫与果实

在黄头狨的食谱中，除了主要以树胶为食以外，也吃昆虫和果实。

对黄头狨来说，昆虫是它食谱中最少的一道点心，吃昆虫往往是它在吃树胶时"顺手牵羊"而已。不过，据动物学家在黄头狨栖息地调查，发现钻洞昆虫能在12种植物上活动，所以黄头狨的到来，能够减少钻洞昆虫的数量，对植物生长是有利的。

果实与昆虫相比，黄头狨更喜欢吃果实。在每年潮湿的1月~2月，栖息地内果实累累，黄头狨就一改往日的食树胶习惯，开始津津有味地品尝各种果实。这时，金合欢树胶虽然受到"冷落"，但是对于保证黄头狨最重要的主食——树胶的充足供应意义重大。因为，尽管金合欢树能够长年产生树胶，但是，如果黄头狨不停地挖洞，也必将或多或少危害金合欢树的生长发育。所以，这种短暂的"冷落"现象促进了金合欢树的正常修复，并且保证了金合欢树胶的长期合成。

随着食谱的变更，黄头狨的生物节律也趋向松弛。这时，它的夜间休息时间提前了3个多小时，起身时间也迟于往常。在这段漫长的睡眠过程中，黄头狨通过保持类似于冬眠动物的休眠状态，以降低机体的新陈代谢速率，减少能量消耗。据科学家研究，认为黄头狨的生物节律趋于松弛的原因，在于果实的营养价值不如树胶。

不合群的眼镜猴

外貌奇异

眼镜猴 –Tabdulla 提供

眼镜猴是东南亚地区的特产动物。全世界共有三种：一种叫眼镜猴，分布于苏拉威西；另一种叫菲律宾眼镜猴，分布于菲律宾南部；再一种叫巽他眼镜猴，分布于大巽他群岛。这三种眼镜猴外貌十分相似，主要区别是前者足上有毛，中者足上无毛且有三对乳头，后者足及尾下面无毛。

眼镜猴都是小个子，大小与大家鼠差不多，体长只有15厘米～18厘米，可是尾巴特别长，足有22厘米～25厘米，远远超过了体长，在那光滑的尾巴末端，还长着一簇长毛，有点像鸟羽似的。全身体毛呈黄褐色，乍一望去仿佛是一只褐家鼠。它的脚趾特别长，上有吸盘，并且有纵横交错的钩纹，这样在攀爬树木的时候可以增加吸附力和摩擦力，不至于往下滑。它的后肢第二、第三趾上具爪，其余趾则是趾甲。

顾名思义，眼镜猴最奇异的在于它们的眼睛。两只圆滚滚的眼睛特别大，眼珠的直径可超过1厘米，和它们的小身体很不相称，好像戴着一副特大的旧式老花眼镜，所以叫它为"眼镜猴"。

眼镜猴不仅以眼睛大而出名，它们的两只耳朵也特别大，所以听觉非常灵敏，只要周围稍稍有一点动静，就能够觉察出来。令人奇怪的是，眼镜猴在睡觉的时候，两只大耳朵会折叠起来。这时，它们就闭目塞耳，安然入睡了。

性情孤僻

眼镜猴生活在灌木丛、树林和竹林中，它们性情孤僻，不合群。白天，它们各自蒙头睡觉，一到夜幕降临，它们就苏醒了，开始单独觅食活动。由于它们行动敏捷，善于爬树、跳跃，在树林中穿来穿去，活像一只鸟儿。它们的细长尾巴，休息时紧贴在树干上，跳跃时则高高竖起，如袋鼠那样，既可以掌握行动方向，又能够维持身体平衡。眼镜猴在树上捕食昆虫，下地面后主要抓吃小型爬行动物。

有时候，虽然几只眼镜猴会跑到一块地里或者一棵树上寻找食物，但是彼此互不搭腔，各管各的。据动物学家实地考察，只有在交配繁殖季节里，成年的雌雄眼镜猴才有短暂的接触，平时依旧各奔东西，分道扬镳。

母幼情深

通常，眼镜猴每胎只产一仔，双胞胎的现象十分罕见。母猴非常疼爱自己所生的幼猴，幼猴在它独立生活以前，都在母猴的怀抱里度过。眼镜猴虽然没有袋鼠那样的育儿袋保护幼仔，但是它们却另有一套保护幼仔的绝招。当幼仔横卧在母猴的腹部时，它们总是用四肢紧紧地抓住母猴腹部的体毛，尾巴绕过母猴的背脊。而母猴为了防止幼猴万一跌落，也总是把自己的尾巴穿过后肢，伸向腹部托住幼猴，这样就万无一失，幼猴可以紧贴在母猴的腹部，仿佛睡在摇篮里一样了。这时，母猴还经常俯下身子，并发出温柔的"哼哼"声，好像妈妈给孩子唱催眠曲一样。到幼猴稍大一些，母猴还常常用背脊驮着幼猴四处游玩或觅食。在觅食时，总是先将好吃的东西给幼猴享用。不过一旦幼猴能够独立生活，母猴就当机立断地与幼猴分开，决不藕断丝连。

命如悬丝的指猴

长期迷惑科学家

在非洲的马达加斯加岛上,生活着一种世界上最奇特的怪兽。它体长约45厘米,尾长约55厘米,体重约2千克,个头与一只家猫差不多。体毛几乎全是深褐色,从颈部起沿背至后部有粗长毛与尾毛相接,这在兽类中可能是十分罕见甚至绝无仅有的。头部很大,头骨短而高。眼睛较大且炯炯有神,吻部很短。门齿上下各一对,大而锐利,没有犬齿,颊齿低扁,很像松鼠。爪子也似松鼠。耳朵宽大而略尖,如蝙蝠一般。尾巴蓬松似狐狸,看上去很粗大。这种怪兽,究竟是哪一种动物?属于哪一类野兽?很长一段时间里,它都是动物学界公认的兽类之谜。

早在1780年,一位法国探险家到马达加斯加岛时,首先发现了这一奇特动物,并误认为它是一种新的松鼠,还颇有理由地说:"这种'新松鼠'的牙齿排列和形式确实很像已知的松鼠,口中有一些小白齿,扁平的齿冠适于咀嚼食物,一个没有牙齿的裂口沿着上下颌的两侧,最后是一对巨大的凿子状牙齿着生在上下颌的前面。"可是后来,一些著名的解剖学家通过对它的头骨的鉴定,认为它不是松鼠。

1800年,一位科学家在没有足够标本的情况下,考虑到

指猴 –Bradypus 提供

马达加斯加岛是狐猴的故乡，这种怪兽又与狐猴有相似之处，所以暂定它属于狐猴类动物。直到1860年，经过动物学家和解剖学家对其进行外形比较和内部解剖，觉得它是介于狐猴和一些其他原始灵长类动物之间的动物。最终科学家才确定它是一种原始、低等的猴子，是灵长类动物演化树主干中的一个侧枝，为狐猴的近亲，并定名为指猴。

最奇特之处在肢上

指猴最奇特之处是在肢上。足上的拇趾比其他的趾大而宽，上有一个圆而扁的趾甲，这种动物之所以被确认为是灵长类动物，主要依据就在于此。它的各趾呈指状，末端有膨大的垫和爪。从下面看，它的手略似人手，但中间的两个指（第三和第四指）比外侧的两个指长一倍，第三指的粗细是其他指的一半。所有指上都具有爪。大拇指虽然与其他指对生，但并不用于抓握物体。用处最大的是又细又长的第三指，既能用来梳理毛皮、清除耳朵里的杂物和剔牙齿，也可用来抓东西吃。"指猴"一名，就是因其指奇而来的。

指猴主要以昆虫为食，特别喜欢吃钻在树皮下的一些甲虫的幼虫，它是哺乳动物中唯一能轻敲树木，确定幼虫位置并以其为食的。

指猴的指 –Rama 提供

不久前，美国杜克大学灵长类研究中心的卡尔·埃里克森教授，在马达加斯加岛考察指猴时，发现这种奇猴觉察、食取树皮下的幼虫的本领极为高明。他还做了实验：将蛴螬（金龟子的幼虫）塞入一个树干的小洞内，另一个小洞是空的，两个小洞的表面没有异样，结果指猴就选择有蛴螬的小洞。

为了知道指猴吃树皮下幼虫的全过程，埃里克森教授花了半天时间跟踪一只指猴。它沿着树干匍匐爬行用细长的第三指（中指）轻敲树干树枝，大耳朵紧贴着树皮，一旦得知里面有昆虫的幼虫，它就用门齿咬破树皮，将幼虫掏出而食。如果干枝上正好有小孔，它就用第三指上的长爪钩出幼虫。那么，指猴是怎样发觉树皮下的幼虫呢？过去一直认为它是靠宽大而灵敏的大耳朵听出来的，而埃里克森教授却提出了一个新观点，认为指猴用第三指轻敲树干树枝，促使树皮下幼虫活动，然后可能用敏锐的嗅觉确定幼虫的所在位置。

此外，指猴除了吃昆虫的幼虫之外，也吃一些植物。它们常常出现在大竹林丛中，用奇特的门牙剥开坚强的外壳，吃内部的竹心。偶尔它们也吃其他植物。

最濒危动物之一

过去，人们一直认为指猴是一种脆弱而胆小的动物，在敌害面前束手无策。实际上，指猴是一种大胆的小动物。根据科学家们实地目击，指猴会勇敢地反击敌害，同时发出一种恼火的叫声，好像是人们用金属工具刮汽车挡风玻璃上的冰发出的声音，往往可吓得来犯者抱头鼠窜。母指猴用干燥物质筑起一个大的球形窝，产下单个幼仔。这时候，如果谁胆敢侵犯它们，就会遭到猛烈反击。母指猴会抓牢入侵者狠咬，并发出一种愤怒的声音。因为在马达加斯加岛上本来缺乏凶猛的食肉兽，加上指猴又具有大胆、勇敢对付敌害的本性，所以自然敌害是不多的。

那么，是谁使指猴命如悬丝，成了当今世界上最濒危的动物之一呢？科学家的答案是：人类。因为在马达加斯加岛上，民间有这样一种广为流行的迷信传说："要是谁碰上一只指猴，不把它立即杀死，必遭厄运——轻者得病破产，重者死人入土。"目前，马达加斯加岛上的指猴之所以寥寥无几，濒临灭绝，这就是其中的一个主要原因。当然，指猴的森林栖息地不断遭到人们的毁坏，也是它数量稀少的另一个重要因素。

貌如蜘蛛的蜘蛛猴

在南美洲和中美洲的热带雨林里，有许多珍禽异兽，其中蜘蛛猴就是一例。

蜘蛛猴个儿很小，身体和四肢都十分细长，在树上活动时，远远望去，活像一只带毛的巨大蜘蛛，所以人们叫它蜘蛛猴。它的头部较小、很圆，尾巴比身体长，大拇指已经退化，体毛长而粗密，身体和四肢的背面色深，腹面色淡，反差相当明显。蜘蛛猴行动敏捷，依靠细长的四肢和富有缠绕性的长尾巴，能够迅速地在雨林中纵跳和攀缘。它们的敏捷行动有点像长臂猿，它们喜欢在密林中把四肢朝不同方向伸展开来，常常还携带着幼猴一起活动，看上去格外像一只只巨蛛在丛林蛛网之中。热带雨林中的果实、昆虫和蠕虫都是它们喜爱的可口食物。

蜘蛛猴 -Lea Maimone 提供

蜘蛛猴十分胆小，多半时间待在树丛里，尽管如此，仍然常常遭到能爬树的美洲豹、虎猫，以及飞扑能力很强的猛禽的袭击。不久前，美国几位动物学家在亚马孙河流域热带雨林考察猴类时，目睹一只哈佩鹰（一种凶恶的猛禽）向树丛中一群蜘蛛猴扑去，先用钩状的利爪抓住其中一只蜘蛛猴，然后又用钩状的尖锐嘴巴撕开其皮肉，掏出内脏饱餐一顿。

两类陌生的僧面猴

名称颇多的僧面猴

说起僧面猴，不要说非动物学工作者从未听到过，就连长期从事动物学工作的笔者也感到陌生。因为这类奇猴仅生活在亚马孙河流域的热带雨林中，而且栖居于密林下层，不容易被人所知。

据说，法国人首次见到僧面猴时，感到十分惊奇，一眼发现它们头上的饰毛活像套上假发，于是就给它们起了一个"假发猴"的名字，并将它们头上毛发的形状与人的发型联系起来，风趣地说："僧面猴的头上毛发，活像理发高手精心制作的高发髻头饰，漂亮极了。"巴西人把僧面猴叫做"老人猴"，这是由于大多数僧面猴的毛发呈现出灰白色，看上去有点老态龙钟的缘故。而哥伦比亚人却称僧面猴为"飞猴"，这可以归因于它们那种独一无二的移动方式——经常用两条长长的后腿，从一个树枝跳到另一个树枝，行动如飞。

当地人对僧面猴也有许多叫法。有的叫它们为"空架子猴"，因为它们是小型猴子，体重只有1.8千克左右，身长不到41厘米，体表却长着一层又长又粗又密的毛，尾毛也很浓密，因而乍看上去，它们显得很魁梧，其身长也足足增加了一倍。有的人叫它们为"帚尾猴"或"大尾巴猴"，这是因为它们的尾巴与一般猴子的尾巴不同，又长又粗，既像大食蚁兽的扫帚尾，又似大袋鼠的棍棒尾。有的人叫它们为"哑巴猴"，这是由于僧尾猴总以2只～8只为一群活动，而且总是缄默无语，人们难以观察和研究这类猴子，这也是人们对它们陌生的一个原因。有的人叫它们为"警卫猴"，这是因为一旦有人接近它们，母猴便立即携带其仔猴躲藏在密密麻麻的藤本植物的浓密叶丛里，仅由雄猴挺身而出，吸引人们的视线，以保证其他成员的生命安全。

据美国动物学家考察与研究，根据僧面猴的体色等不同，有棕色僧面猴、白色

僧面猴－epSos.de 提供

僧面猴、灰色僧面猴和普通僧面猴4种。

红背僧面猴大会餐

红背僧面猴与僧面猴不同，仅栖息在亚马孙河流域东部和中部的原始森林中，比僧面猴更难见到，自然也显得格外珍稀了。

红背僧面猴在个头、外貌上与上述僧面猴有较大差异，所以动物学家把它们区别开来。在大小上，红背僧面猴在猴类中介于僧面猴与秃猴之间，体重在3千克左右。它的头上饰毛异乎寻常，不再是"假发套"，而是整齐、光洁的小分头，所以当地人叫它"小分头猴"。

红背僧面猴背部有几处发红的皮毛，故得名"红背"。目前已发现的有两种：一种因鼻子通红，叫做红鼻红背僧面猴；另一种由于体毛呈棕灰色，叫做棕色红背僧面猴。

红背僧面猴很爱热闹，常常以三十多只成群结伴生活。而且每逢雨季果实丰富时，还同黑冠卷尾猴、棕色卷尾猴、松鼠猴等结合在一起，组成一支更大的浩浩荡荡的队伍，结伙旅行觅食。此时，如果遇上一棵果实累累的大果树，数十只或上百只的猴子就会热闹地开始大会餐，场面宏伟壮观；不过它们的用餐时间不长，一般不会超过一个半小时。在这一时间内，众猴会将树上90%的果实吃得一干二净。

僧面猴、红背僧面猴和秃猴这三类猴子主要吃果实，吃时会剥去果皮、果肉，专食坚硬的果核中的仁，这一食性与一般食果实动物不同，在动物世界里是不多的。据美国生物学家新近研究，发现它们具有强有力的颌肌和功能特殊的犬齿和上门齿；此外它们的上下门齿的排列结构与鹦鹉的喙相仿佛，适宜于咀嚼坚硬的食物。

红背僧面猴 –Ana_Cotta 提供

有时候，这三类猴子也会在同一棵果树上共同进餐，场面相当可观。有人担心，它们之间会不会发生争食纠纷？不会。因为红背僧面猴在树冠上找果实吃，僧面猴爱觅食隐蔽处的果实，而秃猴则在树的中下层采摘暴露的果实，仿佛好多人同桌用餐，各吃各的。

红背僧面猴的树冠觅食，常常会带来杀身之祸。亚马孙河中，栖息着鳄鱼、凶猛食肉鱼类等敌害。它们发现河上树林里有猴子的动静，便静待在树下，或只是在小范围内来往。如果红背僧面猴一不小心折断细枝，掉入河中，顷刻之际便会成为敌害们的口中之餐。这一情景，被当地人称为红背僧面猴的"投河自杀"。

疣猴与长尾猴

疣猴十分美貌

在非洲猴类中，疣猴与长尾猴是两类引人注目的猴子。

疣猴的外貌十分美丽，一些猿猴学家都认为疣猴是猴类王国里最漂亮的猴子之一。疣猴有好多种，不同种类的疣猴有不同的毛色，如黑色、黑白色、红褐色、灰色等。有的疣猴脸上有一圈白毛，好像长满白胡须的老头；有的头顶冠毛浓密整齐，仿佛剃了一个平顶头；有的尾巴尖端有白色球，长得十分滑稽可笑。大多数疣猴的肩背上披有很长的、发亮的、多半是白色的蓑毛，这又为疣猴增添了"姿色"。

东非黑白疣猴 –Yoky 提供

疣猴与一般猴子有许多区别。它的屁股上的臀疣很小，尾巴往往超过身长，胃很大而且分成几瓣，颊囊比一般猴子小，尾巴尖端常有撮毛或毛球，大拇指已经退化成为一个小疣，刚生下来的小疣猴几乎是纯白色的。

各种疣猴虽然都产在非洲，但是它们对生活环境有不同的要求。有的栖息在茂密的森林里，有的则栖息在近草原的疏林地带。它们与叶猴是近亲，主要吃植物的芽和叶，也食野果和谷物。由于疣猴的毛皮又长又美，人们便乱捕滥杀疣猴，用它们的毛皮制作妇女的外衣、手笼和手套等，使疣猴近于灭绝。现在，非洲产疣猴的各国的政府，已把疣猴列为珍贵的保护动物了。

长尾猴的特殊报警声

长尾猴的种类很多，毛色和式样也五花八门，有黑长尾猴、绿长尾猴、红长尾猴、

红耳长尾猴 –LaetitiaC 提供

灰长尾猴、白鼻长尾猴、白须长尾猴等等之分。其中白须长尾猴是出名的漂亮猴,脸部和尾巴都是黑色,身体和四肢灰褐色带红,额部和两颊长有白毛,喉部和胸前长有长长的白胡须,屁股和大腿上也是雪白的毛。长尾猴的尾巴极长,有人做过测量:体长33厘米~70厘米的长尾猴,它们的尾巴却有55厘米~88厘米,故得名"长尾猴"。

多年来,虽然不少动物学家一直认为,许多鸟类和哺乳动物对于不同的敌害能发出不同的报警声,但是没有得到过证实,因而有些动物学家怀疑各种报警声是否有特别含意,报警声是否仅为促使其他动物环顾四周、见到敌害后逃避而已。

不久前,美国纽约州米尔布鲁克的洛克菲勒大学野外研究中心的行为生物学家赛法思等人,在非洲肯尼亚野生动物园对一种体灰、黑脸,多在地上活动,大小如家猫的长尾猴进行长期研究,结果发现这种长尾猴遇到敌害时不仅会报警,而且对不同敌害能发出不同的报警叫声。这一发现,首次证明了长尾猴能够把声音同实物联系起来,这有点类似于原始的语言。

为了进一步论证这一发现,赛法思等科学家录制了这种长尾猴的不同报警叫声,然后在长尾猴中播放,观察它们的反应。令人惊奇的是:当播放对豹的报警声的录音时,这种长尾猴就急忙跑进森林之中;播放对鹰的报警声时,它们的两眼往上瞧;播放对蛇的报警声时,它们的眼睛朝下看。这三种动物是长尾猴的主要敌害。赛法思说:"这不是说这种动物同其他动物有什么不同。这只不过是第一次用实验说明各种报警声本身都有不同的意义。"

赛法思等科学家在肯尼亚的安布塞利国家公园进行为期14个月的研究时,这些长尾猴常常发出对"陌生人"的报警声。后来,这些长尾猴让人在它们中间活动,不再发报警声了。同时,附近的羚羊及林中的鸟类有时对猴子的叫声也有反应,而有时猴子对它们的叫声也有反应。他们未能设计实验来证实这一点。

大多数种类的长尾猴的大部分时间,是成群地生活在树上。它们行动敏捷,善于跳跃和攀爬,主要吃野果和昆虫,有时也会下地,到果园和菜地偷吃果子和蔬菜。在休息时,它们喜欢蹲坐在粗树干的凹处或凸出部,一条长尾巴笔直向下垂着,人们一眼就能认出它们是长尾猴。

长尾猴性情温顺,小猴容易驯养,在动物园里常有展出。

重"亲情"的绒毛猴

亚马孙河流域特产

热带美洲的亚马孙河流域,素有"奇猴之乡"之称。它发源于秘鲁境内的安第斯山脉,其流程长达6400千米,沿途有数百条大小不等的支流,从而形成了地球上最大的流域面积。同时,亚马孙河流域所覆盖的热带雨林面积也堪称世界之最,这就为众多奇猴提供了理想的生存条件。几千年以来,亚马孙河流域的热带雨林,一直保持着古时的风貌。

据美国动物学家和人类学家初步考

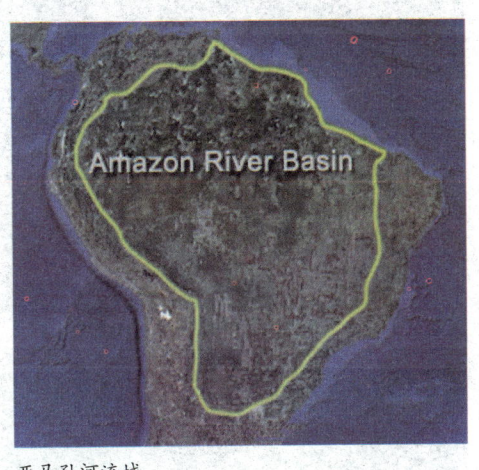

亚马孙河流域

察,亚马孙河流域的奇猴种类繁多,绒毛猴和4种僧面猴、2种红背僧面猴、3种秃猴和倭狨都是这一地区的特产珍猴,也有非本地区特有的奇猴,如吼猴、蜘蛛猴、金狮狨等。这些珍奇猴子,一方面囿于森林组成的支配,另一方面其本身也影响森林的发展。

亚马孙河流域热带雨林

亚马孙河流域热带雨林

亚马孙河流域热带雨林里

乘舟观猴

几年前，美国生物学家T.R.迪弗勒博士赴亚马孙河流域的中心区原始森林考察绒毛猴，给他留下了极其深刻的印象和好感。

迪弗勒博士乘着独木舟，航行于绿林相伴的近岸河流中。大约半小时以后，他终于第一次见到岸边树木上停息着一只绒毛猴：全身是灰棕色绒毛，体格十分强壮，借助于一条有力的卷尾

绒毛猴 –Tim Strater 提供

倒挂在粗大树枝上，四肢非常发达，双唇紧闭，额头紧皱的脸上长着络腮胡子。它不动声色，安详地凝视着迪弗勒博士。

在较远的树荫下，体躯略为纤细的雌性绒毛猴也在窥探着迪弗勒，其中一只不断地以粗暴的叫声向伙伴们发出危险的警告："有人来了。"此刻，两只年幼的雄性绒毛猴朝一只强健而魁梧的雄性绒毛猴（可能是猴王）走去，然后偎依在它的身边，以求保护。在这里，迪弗勒博士另外还见到了许多幼绒毛猴，可是无法洞察它们的活动。因为它们都隐匿在绿色老林之中，以手指、足趾和尾巴紧紧地抓住母绒毛猴的躯体，然后一个接一个像幽灵般地、蹑手蹑脚地逃离了迪弗勒博士的视野。

陆地跟踪观察

为了进一步研究体重6800克～9100克的绒毛猴，迪弗勒博士除了乘舟观察以外，还沿着原始森林踏出的路，一直跟踪一群绒毛猴到哥伦比亚东南部的沃佩斯区。他已经连续几天跟随着这群猴子，通常，迪弗勒每天清晨3点30分起床，5点30分赶到猴子入睡的树下，然后陪伴它们直到下午6点左右。

这个由20～22只绒毛猴组成的猴群，上午都在不停地寻找果实、树叶和昆虫为食，直到中午，它们才躺在高高的树枝弯曲部位小憩片刻。经过这种短暂的午

休以后，它们又开始寻找食源，直至傍晚为止。可见绒毛猴的胃口是很大的。为了寻找足够的食物，它们必须长途跋涉，平均每天至少行走3千米路程。这群绒毛猴一年内要使用740公顷森林，吃150种不同果实。无论在搜寻食物还是在休息，一般都分成几个小群。两三只雌猴在树枝上做扭斗等游戏。雄猴同样趋于结群旅行。年幼的雄猴喜欢紧紧跟随着成年雄猴，而且经常玩玩闹闹。

在这一猴群里，有一只躯体特别魁梧的雄猴为王。另外还有两三只成年雄猴。从表面上看来，它们之间既无主从之分，也无争雌格斗现象，彼此之间亲密得很，大家都有与雌猴交配的机会。雌猴每隔两三年产仔一只，怀孕期为七个半月，生产可以在一年中的任何时候，但通常是在5月~10月。

在跟踪考察中，迪弗勒博士发现雄性绒毛猴对幼猴的疼爱程度在猴类中是十分罕见的。在绒毛猴的猴群里，一只成年雄猴似乎都有义务保护和护理每只新生幼猴。无论幼猴和母猴走到哪里，雄猴总是陪伴着它们。这种照料行为，还表现在雄猴高度忍耐顽皮淘气的幼猴方面。

迪弗勒博士经常见到一只正在休息或睡觉的雄猴，突然被几只幼猴撞击。而雄猴虽然遭受数次撞击，但是它从不发怒还击，最常见的反应是爬起来离开，仅此而已。

父母爱子女，这是人类社会里的普遍伦理。在动物世界中，这一现象虽然也屡见不鲜，不过像成年雄性绒毛猴这样如此疼爱幼猴确属罕见。迪弗勒博士在长期考察中，从未见过成年雄性绒毛猴有半分虐待幼猴行为，而这些幼猴不完全是雄猴的亲骨肉，所以迪弗勒博士认为这是绒毛猴的"文明"所在。

五年来的考察实践证明，迪弗勒博士感到跟踪绒毛猴并不困难。因为这种动物喜欢暴食，所以大量地排出粪便。更令人惊奇的是，雌雄绒毛猴都会咬断树枝，而且会把它们撞倒在迪弗勒博士宿营地附近。迪弗勒博士曾多次遭到沾有粪便的树枝的撞击，但幸运的是这些树枝都十分细小，否则是很危险的。这虽然是出于绒毛猴驱赶捕猎者的一种策略，因为它们从30米左右的高度落下来容易使敌害造成伤害，但是对考察者来说却可以给他们提供信息，以便发现并跟踪它们。

绒毛猴的毛质与其他猴子不同，兼具短、细、厚、软四个特点，故得名绒毛猴。它的毛色有灰、暗灰、黄褐、黑棕四种，初见者常常会误认为是不同种类的绒毛猴。但是，不管绒毛猴是什么样的毛色，它们的裸露面部几乎都是黑色的，这是一个重要的外部鉴别特征。虽然绒毛猴被认为是栖居于树上的动物，但是它们也常常到地面上活动，用后肢直立行走，以长臂摇摆平衡身体，时时还靠它的长尾巴作为支柱。因此，确切地说，绒毛猴应属于树、地两栖的动物。

白秃猴传奇

绰号"老头猴"

白秃猴

1855年的一个晴朗的早晨,在亚马孙河流域探险的博物学家亨利·沃尔特贝茨博士,突然被一条印第安人的船只迷惑住了。他的眼睛牢牢地盯着船上一只用坚韧的藤本植物编制的大笼子,因为笼子里静坐着12个奇怪的"老头"。这些"老头"的头部光秃,前额凸出,上面长着一些稀疏的灰白色短毛;面部像人,不过脸色为鲜艳的猩红色;躯体从颈脖开始,长满着长而直的白毛,乍一看,犹如披着一件白色蓑衣的老农。这些"老头",不仅长相奇特,而且举止与众不同,个个十分严肃庄重,缄默无言地坐在笼底上,互相不理睬,显出一副素不相识的样子。它们规规矩矩,老老实实,活像一个个囚犯被关在囚车上。

这些古怪的"老头",究竟来自何方?犯了什么罪名?博士感到十分惊奇。后来经与船上的印第安人交谈以后,沃尔特贝茨博士终于恍然大悟,原来,它们并非囚犯老头,而是一种十分难得、珍贵、稀有、奇特的白秃猴。根据这种奇猴的怪异模样,沃尔特贝茨博士给它起了一个绰号:"老头猴"。

世界上有几种秃猴

据新近统计,南美洲和中美洲共有60种奇特的灵长类动物。其中白秃猴是新热带地区唯一的非长尾巴灵长类动物,也是迄今科学家们研究得最少的猴种之一,目前已被国际自然和自然资源保护协会列入红皮书内的脆弱动物名单之中。

红秃猴 -Evgenia Kononova 提供

　　秃猴又叫额猴，全世界只有三种。一种叫秃猴，皮肤粉红色，脸色为猩红色；除头部和背脊有淡灰色的短毛以外，身上披着羽毛状的长毛，有的为银灰色，有的是白色。动物学家根据它们的羽状长毛的不同颜色，把这个种又分为灰秃猴和白秃猴两个亚种。它们产于亚马孙河流域中部，位于亚马孙河与它的雅普拉北部支流。另一种叫红秃猴，具有桃红色的脸部和肉色的皮肤，全身披着带红色的金橘色长毛，产于亚马孙河北部，位于雅普拉与里奥内格罗之间。第三种叫黑秃猴，与上述两种秃猴区别较大，全身除大腿和尾巴为棕色外，其余都是黑皮和黑毛，产于里奥内格罗北部的里奥布朗库流域范围内。

　　在三种秃猴中，红秃猴虽然较为常见，没有白秃猴和黑秃猴来得珍贵和稀有，可是它的外貌也很像一个老头，特别是它的头部：头顶虽光秃，但还留有一些短短的灰白色毛发；额部宽阔而稍凸，在阳光照射下显得格外油光明亮；两只炯炯有神的大眼睛会目不转睛地盯着你，吻部还长出白白的胡须；洁白的牙齿，似乎天天都经过仔细刷洗。

　　白秃猴在三种秃猴中是最珍贵的和最稀有的，不要说活的，就连它的照片也是十分罕见的。它的粗密而蓬松的长长体毛，猩红色的头部，会使人见了有古怪、丑陋的感觉，其实仔细瞧瞧也有点奇美的样子。19世纪时，旅行者们偶尔见到一只白秃猴的怪相，把它叫作"一位正在激动或烦恼的年老英国男子"。因为它貌似人却是猴，后来才改叫"英国猴子"，其实此猴根本不产于英国。的确，白秃猴的长相很像人，当地人们把它视作为自己的"祖先"，非常尊敬它，不管遭到多么严重的饥荒，都不会去捕食白秃猴。

百余年后新考察

由于白秃猴数量稀少，栖息地遥远、偏僻，且气候恶劣多变，所以长期以来科学家们都缺乏考察和研究这种野生奇猴的信心。

自1855年博物学家亨利·沃尔特贝茨博士首次见到白秃猴以来，时隔130年的1985年，巴西灵长类学家马西沃·艾尔斯和英国剑桥大学生物学系学生奥利弗·菲利普，他们为了探索白秃猴的活动，乘着小船，沿着亚马孙河流域，第一次进入扎尔西原始热带雨林进行合作考察。

提起亚马孙河流域的热带雨林，人们就会想起那阴暗潮湿的密林深处。其实，各个地区的雨林和它的野生动物有着极大的变化和差异。

亚马孙河有许多支流，这里有一个季节性洪水泛滥的原始森林——扎尔西。每年，有节律变化的暴雨和安第斯山脉融化雪水的倾泻，居然使亚马孙河的水位升高了12米！生长在扎尔西的植物，已经适应了有规律的洪水泛滥，不仅长得十分高大，而且具有明显的气生根，可以为被水淹没的主根供应氧气。有的树木还有高而变平的板根，辐射状向地面生长，使树木能够在浅土上和洪水中站稳"脚跟"，不会倒下。这些抗洪树木组成的森林，为白秃猴等动物提供了适宜的栖息地。

扎尔西没有完全的陆生哺乳动物，如生存在大陆上的貘、刺豚鼠、鹿等。取而代之的是像白秃猴那样出色的攀缘动物，或者是优秀的游泳动物。因为在洪水泛滥的季节里，前者能够栖息在树木上，后者可以在滚滚洪水中生活。

洪水退去以后，白秃猴纷纷从树上下来，结成大约50只个体的大群，分散在一个宽阔的林地上，四只一起寻找它们的补充食物——树苗。实际上，白秃猴是最早的食种子哺乳动物，常常与鹦鹉以及其他秃猴分享树上各类种子，但它也吃果肉和花蜜，甚至昆虫，所以属于杂食性动物。一些种子植物在长期生存中已经获得了防御食种子动物的能力——产生有毒种子，或者将种子包裹在一个坚韧的难以咬破的硬壳内。可是，白秃猴却"棋高一着"，已经发展出有力的颌和大的犬齿，能够咬碎那些坚硬的种子壳。

当洪水泛滥时，白秃猴在地面上无法生活，于是纷纷爬到树上。稠密的叶子将它们遮掩起来，使它们不能看到自己的伙伴。彼此之间为了保持联系，白秃猴不时地发出"卡、卡、卡"的高声呼唤。这样"你叫""我应"，可以互通信息。

吼猴内幕

叫声最响

全世界共有6种吼猴,都生活在南美洲和中美洲的热带雨林里。它们身体粗壮,体长约57厘米,尾长约60厘米,体重在7千克左右,论个头在悬猴类中首屈一指。其中红吼猴分布最广,自墨西哥南部至阿根廷北部,几乎遍及亚马孙河流域北部的南美洲,进入西部玻利维亚,还可以栖息在海拔2 100多米高的安第斯山上,它是目前科学家观察和研究得最深透的一种吼猴。

吼猴有一种特殊的嗜好:每天早上起来或晚上就寝之前,第一件要做的事,就是张开大嘴,发出引人注意的吼叫。尤其在拂晓时刻,吼叫的声音更为剧烈和洪亮。经科学家用耳朵听辨和录音分析,在猿猴中要算吼猴的叫声最响了。因为吼猴有一个宽阔的下颌,下颌围住一个膨胀的卵形喉头,喉头里的舌骨形成了一个"共

吼猴 —Steve 提供

振箱"。当它们在吼叫时，其声带振动发出的声音，通过"共振箱"变得十分深沉和洪亮，在离开它们5千米的范围内都可以听到，加之吼猴常常吼叫，"吼猴"一名就因此而来。

"吼声战"与"肉搏战"

刚到南美或中美热带雨林的人们，一听到吼猴的持久不息的吼叫声时，总认为它们在胡闹乱叫。实际上，吼猴的吼叫并不是无谓的喧闹，而是有其一定的目的。

吼猴常以小群生活，各群之间的领地往往有重叠。当其他猴群接近它们的领地时，这群吼猴就会发出一种"示威"的吼声。在这群吼叫的吼猴中，由成年雄猴扮演主角，吼叫声最为洪亮，雌猴和年幼的小猴则在一旁叫嚷助威，激昂的吼声似乎在向邻近的猴群宣布："这里是我们的领地，不准侵入！"如果邻近的猴群逾越边界线，占据群与入侵群就要展开一场激烈的吼声战，但是它们绝不会发生肉搏战。吼声战以吼声的大小为胜负。如果占据群的吼声压倒了入侵群，那么入侵群就会乖乖地退出边界线外，宣告"投降"；反之，占据群只好"垂头丧气"，将自己占据的地盘让给入侵群。

长期以来，人们一直认为同一群吼猴的成员之间总是和睦相处，不会发生激烈的争吵和殴斗的。虽然，有的时候也曾发现吼猴身上，特别是脸部有伤痕，但总认为这是被凶猛的食肉动物袭击所致的。可是，根据科学家新近考察发现，吼猴群中的成年或半成年的雌猴之间常常会发生争吵。它们的争吵方式有三种：一是互相吼叫，谁叫声响谁获胜；二是折磨对方，强者会抓住对手的指趾、肩膀和头部，反复摇晃，使对手感到十分难受；三是肉搏，这种情况比较罕见，主要发生在体力基本相当的雌猴之间。肉搏战开始时，双方用前肢爪和利牙作为武器，猛烈地攻击对手，最终双方都受伤，但不会发生死亡事故。

"幸福雌猴"与"倒霉雌猴"

一个吼猴群大约有9个成员：一两只成年雄猴，2只～4只成年雌猴，几只未成年幼猴。但最大的吼猴群，成员可多达18个。

1979年～1984年，美国克罗克特博士在委内瑞拉的开阔林区和狭长林带考察，发现吼猴群中，有一些雌猴能够留在出生群内，并可以繁殖后代，终身不受到其他猴子的虐待，被称为"幸福雌猴"；而有一些雌猴却被驱逐出群，受到其他猴子的虐待，被称为"倒霉雌猴"。这些被驱逐的雌猴，能够活下来并加入其他猴群或重组新群的大约只占三分之一强。因为这些"倒霉雌猴"被驱逐后过着孤独的流浪生活，常常会挨饿死去，甚至被美洲狮或中南美大鳄鱼所吞食。

1979年9月，美国人类学家塞库利克教授，在委内瑞拉大牧场跟踪一只被驱逐的年纪较轻的成年雌猴，当时它就试图加入其他的猴群。但是，到1981年12月，塞库利克教授发现这只雌猴还尾随在其他猴群后面。这时候，这只雌猴大约已有7岁了，还没有生育过。直到1984年2月，塞库利克教授见到这只雌猴时，它加入了猴群，并且有了一只婴猴。

根据科学家的新近研究发现，雌吼猴被驱逐出群的主要原因是：一、这类猴子食量很大，如果一个群里的成员过多，需要的食物量就很大，往往得不到满足，所以驱逐群中的雌猴可以减少所需食量。据科学家统计，在65个吼猴群中，没有一个群的雌猴数超过4只，大约有90%猴群中的雌猴数仅是两三只。

二、吼猴群一雄多雌，雌猴为了争夺雄猴交配，繁殖出自己的儿女，相互之间展开生殖竞争，胜利者留在群内，失败者被驱逐出群。

三、减少近亲交配，被驱逐的雌猴（也有雄猴）离开出生群后，加入其他猴群或结合建立新猴群，这样，可减少或避免"父女"、"母子"、"兄妹"、"姐弟"之间的血统婚配，有利于吼猴家族的繁衍。

"杀婴犯"与"婴猴"

在拉丁美洲的哈托马盖雷脱禁猎地里，美国科学家塞库利克和鲁德朗目击一只雄性吼猴杀死一只幼吼猴。之后，美国科学家克拉克教授在哥斯达黎加又发现一只长毛吼猴杀死幼猴。克罗克特博士在委内瑞拉红吼猴研究区，曾先后发现二十多只红吼猴婴猴突然失踪。这种情况，常常发生在新的成年雄猴在群中继位，或者是原来处于从属地位的成年雄猴驱逐了"统治者"的时候。所以，克罗克特博士认为，婴猴是被新继位的雄猴所杀的，新继位的雄猴就是"杀婴犯"。

在猴类中，要数亚洲的一种长尾猴防御"杀婴猴"的本领最高了。一只与统治雄猴交配怀孕的雌猴，一旦遇上那只统治雄猴被新的雄猴取代之后，它就会伪

长毛吼猴 –Leonardo C.Fleck 提供

装发情，引诱雄猴与它交配，使雄猴"相信"生下来的婴猴是它自己的后代，这样它就不会去杀害婴猴了。而雌吼猴没有这种抵抗杀婴猴的欺骗术，只能在觉察雄猴将要下手杀害婴猴时，才怀抱着自己的婴猴奔逃，所以大多数婴猴逃脱不了被杀的厄运。据科学家研究，在红吼猴中，大约只有25%的婴猴能够生存下来，

红吼猴 –Petra Karstedt 提供

其他的婴猴多数被杀死，少数受到严重伤害。

"不饮猴"与节能

吼猴只吃叶子、果实和花朵等素食，特别喜欢吃幼嫩的叶子和成熟的果子。不吃被人丢弃的破烂食物，即使吃了也不会吞咽下去。这些素食所含能量很低，甚至许多叶子中含有鞣酸，会妨碍吼猴从食物中吸收营养物质。吼猴为了满足自己活动所需的能量，除了食量特别大，一天差不多要吃自身一半重的食物外，还有自己独特的节能方法。

根据美国加利福尼亚大学米尔顿博士的最新研究，吼猴除了吼叫消耗较多的能量外，吃食是十分缓慢的，白天有65%的时间卧躺或睡在树枝上，显出一副懒惰的样子，以此来节约能量的消耗，保证它们正常的活动。因此，吼猴过的是树栖攀缘生活，吃、玩、睡都在树上。过去认为它们从不下地，但最近，美国克罗克特博士在委内瑞拉考察红吼猴时，不仅目睹了它们在树林间纵跳，或成群在树顶上懒睡，而且还见到它们在公路旁活动。虽然吼猴下地是十分难得的，但是终究被人们见到了。

吼猴生活在常绿的热带雨林里，以往人们都认为它们也像其他猴子一样经常口渴需要饮水。其实不然，据科学家新近的实地调查，它们也栖息在稠密的半落叶地区，而且从未发现它们到水源处饮水，所以有"不饮猴"之称。吼猴不直接饮水，它们所需要的水分，是从所吃的植物食物中得来的。

难得见到的夜猴

奇异的长相

一对夜猴与宝宝 –HEMEDIA 提供

在猴类王国里，有不少稀奇古怪的种类。你听说过夜猴吗？夜猴就是一种与众不同的怪猴。

世界上只有一种夜猴，生活在南美洲的热带雨林里。在猴类王国里，夜猴的个头中等，身体只有灰松鼠那么大，四条腿特别细长。它的体毛浓密、美丽、柔软，既不像羊毛，也不呈丝状。夜猴面部的毛又短又稀，尾巴结实硬挺，好像一根木棒似的拖在身后。

夜猴端坐时，头部低下，体背弯曲成弓状，双手安放在胸腔下面，两足内弯，只有尾巴露在外面，远看像只绒毛球似的。如果能脱去它们这身浓密的"毛外衣"，你会发现它们的身体呈流线型，好像是一条鱼。夜猴的踝关节较长，足上有一个宽阔的大拇趾，与其他四趾对生，显得很特别。它的手指细长，指间长短比例与人类相像，指端庞大的肉垫上长有指纹，指纹也有点像人类。夜猴的毛皮呈淡棕灰色，夹杂了一些橄榄绿色，这使得它们在树上有一种巧妙的伪装，不容易被敌害发现。

独特的眼睛

人们有幸看到夜猴的话，一定会被它那独特的眼睛吸引住。夜猴的眼睛在动物世界里可以算是独一无二的，具有四个特点：第一是巨大，夜猴的眼睛在面部占很大比例；第二是美丽，夜猴眼睛的虹膜呈现出红、黄、褐色混合在一起的美丽色彩，眼睛周围还有白色的额毛，在眼睛上方，额毛与棕黑色额毛相映衬，十分好看；第三，夜猴的眼睛凸出，在巨大的眼球表面蒙着透明的角膜，好像大玻璃球似的；第四，夜猴的眼睛集光能力极强，在接近全黑的环境里，它也能捕捉到正在飞行的昆虫。

夜猴又叫鸮猴，它和猫头鹰（动物学上叫"鸮"）一样，是在黑夜里活动的。在夜间，它们正是凭着自己独特的眼睛，搜寻食物，进行活动。有人以为，夜猴能够在完全没有光线的黑暗中看清目标，这当然是不可能的。然而动物学家发现，夜猴确实能在十分微弱的光线下看清物体。

奇怪的叫声

在动物世界，一般来说一种动物的叫声变化不会太大，同一种动物的不同个体之间发出的声音也应该基本相同。不过随着动物学的深入研究，已发现白鲸、座头鲸、虎鲸、关东海豚、威德尔海豹和知更鸟等都会发出多种声音，而且还发现生活在不同地区的同一种动物，它们之间的叫声也有差异，人们称其为动物的"方言"。

英国猿猴学家哈米什·汉密尔顿教授发现，夜猴的叫声复杂多变，令人惊奇。这种怪猴能发出"喊喊喳喳"，"唧唧啧啧"的尖叫声，还能发出奇特的"隆隆"声，敲铜锣似的"噌噌"声，声音十分洪亮，在密林引起响亮的回声，叫声时高时低，时细时粗，变化多端。而科学家还发现，饲养的夜猴与野生夜猴的叫声也完全不同，这与人类的方言多么相似！为此，汉密尔顿教授用磁带录下多只夜猴的叫声，用电脑加以分析，希望找出夜猴叫声变化的规律。总之，像夜猴这样复杂多变的叫声，在全世界已知的猴类中是很独特的。

食性和生活

夜猴的食性很杂。它们摘食浆果、坚果，捕食昆虫、树蜗牛，有时还捉雨蛙和别的小型动物吃，甚至吃鸟蛋和蜂蜜。

人工饲养的夜猴，食性格外广泛，还常常挑挑拣拣。汉密尔顿教授饲养过五年夜猴，他发现，有的夜猴专吃各种果实和白面包，有的夜猴却爱吃大的胡萝卜、马铃薯、鸡蛋和糖果，不肯吃白面包。

科学家发现，夜猴是一种十分敏感的动物，它们对突如其来的动作、声音反应相当强烈。尤其当它们打盹或睡着时，遇到声音、动作刺激就会立刻跃起，飞速奔跑。如果遇到别的动物阻挡，它们会张嘴就咬。

夜猴的手形与人类相似，十分灵巧。它们采摘果实时，摘下来后还要拿到眼睛前检查一下。它们捕捉昆虫时，总是悄悄地用大拇指和食指先捏住昆虫的翅膀，然后再用另一只手的大拇指和食指折断头部，最后才慢慢地吃。这样捕食，可以避免昆虫蜇咬。由此可见，夜猴还有一定的智慧呢。

与众不同的长鼻猴

选择考察点

长鼻猴又名大鼻猴、天狗猴,是东南亚加里曼丹的特产动物,也是世界著名的珍贵、稀有猴种。为了保护这种濒于灭绝的猴子,在马来西亚的沙捞越州林业部的国家公园和野生动物办公室,纽约动物学会国际野生动物保护组织,以及世界野生动物马来西亚基金会等机构的联合赞助下,由国际野生动物保护组织的自然资源保护学家伊丽莎白．L. 贝内特为首的专家考察组,对长鼻猴进行新的考察。

根据文献记载,马来西亚的沙捞越沼泽森林是濒临灭绝的长鼻猴的故乡,可是由于伐木和其他人类活动的毁坏,专家们担心整个沙捞越海岸平原已经失去它的自然风貌,使长鼻猴没有立足之地。后来通过小型直升机现场侦察,发现沙捞越地区尚有一些完好的森林地带,这一地带叫沙没桑姆。

沙没桑姆位于沙捞越西端,是围绕沙没桑姆河的较低地段,面积为61平方千米,是1979年专门为保护长鼻猴而建立起来的自然保护区。尽管这一自然保护区面积很小,但是根据直升机侦察,它由红树林沼泽地和河流、石南植物丛生的荒地以及低地雨林组成,为动物提供了一个理想的生活环境。除长鼻猴以外,在红树林基部活动的,还有鳞茎状弹涂鱼和在泥土中觅食的闪蓝色的蟹。在远离河流的矮丘上,有婆罗洲长臂猿和8种犀鸟共同活跃在雨林中。因而沙没桑姆被作为考察长鼻猴生存的一个基本点。

奇在鼻子

考察点选定以后,还需要找到长鼻猴的足迹。长鼻猴常常栖息在河边或沼泽地附近的森林中,所以这个专家考察组的直升机到达目的地以后,就改乘装有发动机的小木船驶进林区,先用双筒望远镜寻找,待目击长鼻猴后,小木船就缓缓地向它们靠拢,进行仔细的观察。

长鼻猴的奇妙鼻子,不要说在猴类王国里,就是在整个动物世界中,也是奇特无双的。雄猴长成以后,长鼻还会越长越大,形成前面和后面稍扁平,中间最宽的匙状红色大鼻子垂挂在嘴巴前面,从前面和侧面看去,又像一条红色茄子,十分滑稽。一旦心情激动,它的长鼻子又会向上挺起或上下摇晃,往往使目睹者忍不住捧腹大笑。可是雌猴和幼猴的鼻子却十分正常,都是短小的狮子鼻,绝不会出现像成年雄猴那样的长而大的怪鼻子。

长鼻猴 –David Dennis 提供

这究竟是为什么?贝内特等专家研究后,认为可能有两个原因:

第一,雄性长鼻猴的鼻子特别长、大,是它们在长期进化中,逐渐发展起来的一种吸引异性的第二性征,仿佛公鸡的高大的红色鸡冠。在实际观察和研究中也证明,雄性长鼻猴的鼻子越长、越大,就越容易吸引雌猴交配繁殖,所以产下的仔猴也就越多。这种长而大的鼻子基因,可以遗传给它们的后代,有趣的是只传给雄性后代,不传给雌性后代。

第二,长鼻猴的两性个头悬殊。一只成年雌猴,身体加尾巴的长度很少达120厘米,体重仅11千克左右;而一只成年雄猴,身长可超过76厘米,尾巴与身体几乎等长,体重可达24千克,比雌猴大得多。这种大个头雄性长鼻猴生活在潮湿的热带沼泽林地,它们的长而大的鼻子,可以为其散发体热提供较大的面积,这种方式如同大象通过自己的大耳朵排热一样。由于雌长鼻猴的个头比雄长鼻猴小得多,所以它们产生的体热也少,鼻子也就比雄猴短小。这是符合生物界物种的"适者生存"法则的。

由于这种猴子的最显著特征表现在鼻子上,所以科学家命名它为"长鼻猴"。

既好动又好静

一般来说,灵长类动物都是成群生活的,而且各群都有独自的生活地盘,不会混杂在一起的。可是长鼻猴不同,通常以10只~30只为一群,但有时候,尤其是傍晚,几个群会聚集在同一个地方,贝内特等人在考察中曾目击80只长鼻猴聚集在沿河198米长的森林地带。

在每群长鼻猴中,有一只身强力壮的成年雄猴为王,其他是若干只成年雌猴和若干只幼猴,整个猴群由这只雄猴指挥和控制。当几个猴群聚集在一起时,各群

长鼻猴宝宝 –Bjørn Christian Tørrissen 提供

中的猴王显得特别活跃,它们在树林中窜来跳去,折断树枝,发出洪亮的吹喇叭声似的吼叫,从远处望去好像几架微型轰炸机正在轰炸森林。根据贝内特等人推测,这些猴王各显身手,可能是互相在争强,看看谁的本领高!

说来奇怪,成年的雄长鼻猴有时又会显得特别好静,可以在树顶上连续静坐好几个小时,一动也不动,宛如寺庙里的佛像。这时,即使发出最轻微的骚动,例如其他动物的接近或喧闹,甚至是它们自己幼仔的打扰,例如顽皮的幼猴常常戏弄"爸爸",不是拧扭它们的鼻子,便是摇动它们的尾巴,把"爸爸"弄得哭笑不得,而它们只是面部露出不高兴的表情,至多把吵闹者赶走,绝不会大发雷霆。

有趣的觅食行为

长鼻猴是最爱挑剔食物、胃口又大得惊人的一种猴子,在当地只吃几种植物的果子、叶子、幼芽和嫩枝,而且从拂晓开始,成群地从一棵树跳到另一棵树,到处寻找适合口味的食物。一旦发现美餐,它们可以吃个不停。可是对成年的雄长鼻猴来说,吃食是一件十分麻烦的事情。因为它们嘴巴前面垂挂着一只又长又大的鼻子,吃食物时必须把鼻子撇开,所以吃得很慢,进食的时间很长。

长鼻猴是一种四肢细长,手脚

长鼻猴 –Bjørn Christian Tørrissen 提供

狭长，一般体态瘦削的猴子，可是贝内特等人在考察中发现，有的成年雄性长鼻猴的腹部凸出，好像怀孕似的，与它们又长又大的鼻子是个相配物。这种膨大的腹部，与动物摄取的食物和消化系统有关。因为它们爱吃的是一些难以消化的植物，而且胃口又非常之大，所以它们的胃被膨胀得很大。根据解剖学检查，长鼻猴胃的结构与反刍动物的胃一样，呈囊状，分成几个部分，用来逐步分解吃下的不易消化的食物，而且在食物的发酵过程中，还可以去除食物中所含的毒素。

游泳和潜水能手

长鼻猴不仅能在树上行动自如，跳跃似飞，而且还是游泳和潜水的能手呢！在它们的细长四肢上，长有不完全的蹼足，其功能如同鸟类中的涉禽和水禽的足一样，既能在水中快速游泳，又能在沼泽红树泥上行走不陷，这是一种对生活环境的有益适应现象。

贝内特等人在考察中，发现长鼻猴常在水中嬉戏，有时一天要游两三次河，甚至潜游198米。长鼻猴的这一游潜本领，不但有利于寻找食物，还可以逃避许多食肉动物的袭击，而这对其他树栖灵长类动物来说，真是望尘莫及、无法做到的。

打哈欠的长鼻猴 –Jpatokal 提供

虽然长鼻猴具有高超的游泳和潜水本领，可以逃避来自陆地上的敌害，但是潜伏在河流中的鳄鱼，仍然是它们的主要敌人。平时，鳄鱼喜欢待在近岸的浅水处，露出脊背，一动也不动。这一巧妙的"伪装"，常常迷惑了长鼻猴，误认为它是一根浮木头，或者是一块石头，因而失去警觉，毫不在意地接近它，一些顽皮的小猴还会爬到它的背脊上嬉耍，此刻，鳄鱼就张开血盆大口，露出利牙，一下子咬住一只小猴，洋洋自得地游去，等到老猴发觉，也只好龇牙咧嘴，怒目而视，无力搭救了。鳄鱼不但会吞食小猴，还会袭击成猴。

保护长鼻猴是当务之急

长鼻猴的数量正在一天一天地减少，目前究竟还有多少，还没有正确统计。

根据自然资源保护学家们调查和研究，促使长鼻猴数量稀少的原因，包括主观和客观两个方面，但是客观的原因是绝对主要的。由于人类的大规模伐木和建筑等原因，不仅毁坏和缩小了长鼻猴的生活栖息地，而且还减少了它们的食物来源，这是促使这一猴种濒临灭绝的最主要原因。此外，长鼻猴本身也有不利于大量繁衍后代的几种因素：

第一，长鼻猴最爱挑剔食物，这就限制了它们的生活范围。由于长鼻猴的食性单纯，所以很难在一般的动物园内饲养，捕获后往往不到一个星期就死去了，这就不利于人工饲养下扩大这一猴种的数量。

第二，长鼻猴没有固定的繁殖季节，出生率很低，一般一胎只产一只幼仔，刚生下的仔猴只有 45 克重，而且生长很慢，

马来西亚婆罗洲丛林里的雄性长鼻猴
-ErwinBolwidt 提供

到牙齿全部长好大约需要 7 年的时间。

第三，成年雄性长鼻猴，到了年老体衰之时，整条尾巴常常会变成银白色。这是失去生殖能力的象征，而且每个猴群里仅有一只成年雄猴，这对繁衍后代是十分不利的。

第四，长鼻猴除了有来自水里的敌害——鳄鱼外，还有来自陆上的敌害——大蟒。大蟒在森林底部游来游去，遇上离群的孤猴，如果是成猴，它就先用后半段身体紧紧缠住，促使猎物昏迷，然后慢慢吞食。大蟒还会侦察树上猴子的动静，一旦发现小猴踪迹，就偷偷地沿着树干树枝而上，达到足够距离时，突然冲击，张口吞吃。

探索狒狒的秘密

从相识到亲近

  有一位自然科学家为了探索狒狒在自然界的秘密，来到非洲坦桑尼亚的坦噶尼喀地区。这里正是大型猴类狒狒栖身的乐园。在这片荒原上，狒狒一见到人，就到处躲避，一次又一次地飞快地逃开。科学家以顽强的毅力跟踪着。在开始几个星期的时间内，几乎一无所获。进入五六月份旱季后，这群狒狒经常出没的杂草丛，开始枯黄和因动物经常践踏而倒伏，这就为科学家跟踪、观察狒狒的行为提供了有利的条件；同时，狒狒也发现人对它们并无恶意，就不再逃开了。这样，这位颇有耐心和毅力的科学家终于达到自己的目的——成为狒狒的有趣生活的目击者。

  他发现，这里生活着许多狒狒群，每群大约 20 只～60 只，最多可以超过 100 只。每群狒狒都有自己的活动地盘，面积大约 2.5 平方千米，邻近群之间，有部分地区重叠的现象。为考察得更为深入细致，他从众多狒狒群中选定一群。这群狒狒每天早上大约 7 点起来，沿着一条固定的路线走出去活动，晚上又都回到固定的树林里睡觉。在狒狒群行动时，成年的雄狒狒大多领头或者跟在后面。因为雄狒狒有较大的身躯，较长的脸部，以及双肩上披着粗糙的狮状蓑毛等特征，是很容易被认出来的。科学家准确地数出这群狒狒共有 45 只，并开始挑选要观察的个体。这位科学家十分镇静地紧跟在狒狒群的最后一只狒狒的后面，当它们行速减慢或分散觅食活动时，他便进一步选出其中特殊的个体进行了仔细观察。就这样日复一日，经过数个月以后，科学家与狒狒群中的每一个成员都相识了，变得亲近起来。他可以自由自在地在狒狒群中走动了。他进一步了解，在这群狒狒中，有 10 只成年的雄狒狒，12 只成年

橄榄狒狒 –Muhammad Mahdi Karim 提供

的雌狒狒，其余都是青少年和幼年狒狒。它们过着严格的集体生活，其中有一个比较老的富有经验而又强壮的雄狒狒是首领，全群狒狒都服从它的指挥。它只要低吼一声，别的狒狒立即俯首听命。狒狒还懂得用石块做武器。有趣的是，它们永远不用这种武器攻击自己的伙伴。哪怕是在狂怒时，它们也只是从地上抓起石头来抛向天空，而决不投掷到同类的身上。

有趣的小狒狒

在狒狒群中，最大的喜事莫过于添了新生的小狒狒了。这时候，全群狒狒欢喜若狂，纷纷挤到新生"婴孩"的四周来争着"道喜"。但是狒狒群有一条"法规"，那就是只准看，不准摸。只有做"妈妈"的才能抚摸自己生下的小狒狒，其他的狒狒只可以抚摸母狒狒，以此表示对她的慰问和尊敬。

新生的小狒狒常被母亲紧紧地怀抱在腹部，它的嘴巴牢固地含住奶头。生下的头几天，母狒狒常用一只手臂抱住"婴孩"，保证"婴孩"的绝对安全。过几天后，母狒狒有时把它移放在自己的膝下，这时可以看出小狒狒的毛与成年狒狒的棕色毛不同，是黑色的；脸部、耳朵和屁股是红色的。十天以后，小狒狒能从母狒狒身边悄悄跑开，但不一会儿，母狒狒就要招呼它回来了。

小狒狒长到四五个星期以后，就能够爬到母狒狒的背上坐着了。在这个时候，成年的雄狒狒常常走近小狒狒那儿发出亲热的低声，表达对它们的宠爱。小狒狒常常信任一两个经常关怀和保护它的成年的雄狒狒，一旦受惊，就急忙攀爬在它们的身上，在那儿不会再有其他的狒狒来欺侮它们了。同样，成年的雄狒狒也可以从小狒狒那里得到好处。科学家曾经观察到，一只成年的雄狒狒在吃木薯根，当第二只雄狒狒走近去抢夺时，第一只雄狒狒迅速抓住两个木薯根跑到靠近黑毛小狒狒的后面，然后把小狒狒急忙抱在自己大腿之前，并发出呼噜的哼声。在这种情况下，小狒狒显得一点也不害怕，第二只雄狒狒见到这样的场面，只好停止追击了。大概在狒狒家族中，也有尊老爱幼的规定，所以成年雄狒狒往往借小狒狒来掩护自己。不过，一只成年雄狒狒可不能随便靠近或抓住一个小狒狒来掩护自己，如果事先双方之间没有特殊感情的话，这小狒狒很可能要发出一种尖叫声，呼喊"救命"。这样就会轰

小狒狒

动全群，激起所有其他成年雄狒狒的愤怒。

时间再长一些，小狒狒就会下地了。当它在地上跳着走着的时候，老是抓着母狒狒的尾巴。大约长到4个月的时候，小狒狒身上的黑毛开始逐渐变成棕色毛，红色的皮肤颜色也就褪掉了，到小狒狒长到6个月到8个月的时候，母狒狒用手臂阻止小狒

大雨中的狒狒母子

狒接近奶头，开始断奶。母狒狒与小狒狒发生了有趣的冲突：母狒狒阻止小狒狒吃奶，可是小狒狒仍抓住母狒狒的毛端，发出一种恳求的声调，要"妈妈"给它奶吃。小狒狒到一岁以上，母狒狒再也不让它骑在身上玩耍。小狒狒依然跟在妈妈的身后，不停地发出尖声的叫喊和悲叹！其实，母狒狒为了保证自己重新怀孕，阻止已能自力更生的"孩子"吃奶，这不仅是一种生理现象，而且也是理所当然的事情。

最有趣的是，在狒狒群中也有"幼儿园"。原来，小狒狒断奶以后，在它们的"母亲"出去觅食的时候，便都交给一个年长的狒狒统一照管。在天然的森林"幼儿园"里，狒狒"阿姨"照料着这些小狒狒们，不让它们到处乱跑，还对它们进行各种训练，做爬树、丢石头等各种游戏。在小狒狒们彼此吵闹打架时，"阿姨"还负责制止和教育。

共同防御敌人

狒狒晚上在树林里睡觉，临睡之前，它们总是要对四周地形做一番仔细的"检查"，看看是否有狮子、巨蟒和黑猩猩等敌害。

狒狒通常沿着一定的路线到有水源的地方去饮水，而这是一件十分危险的事情，因为狡猾的狮子和巨蟒掌握了狒狒的这个规律，常常在水源处等候着它们的到来。因此，每一次取水都是狒狒的一次计划周密的集体战斗行动。出发之前，总是由最强壮有力、最不怕死的狒狒组成一个"开路先锋队"在前面开路，其余的狒狒隐藏在水源附近的树上待命。一旦遇上狮子等猛兽扑向"开路先锋队"的时候，打先锋的狒狒便同它进行勇敢的搏斗，在周围树上的狒狒也一齐大声

狒狒家庭在计划发起攻击

狒狒宝宝的惊险奇遇

吼叫助威，并向狮子猛烈投掷石块和果实。在齐心协力、团结战斗的狒狒们面前，狮子等猛兽往往是孤胆心虚，狼狈而逃。

狒狒除了自己团结对敌以外，还能与周围的其他动物联合起来，共同对付凶暴的敌人。狒狒最可靠的"盟友"是羚羊和斑马。原来，狒狒生有一对锐利的眼睛，而且又能爬树，"站得高看得远"。而羚羊呢，凭着它们灵敏的嗅觉，能觉察到很远地方的外来猛兽。斑马的听觉、视觉和嗅觉都十分灵敏，一闻到异样的气味，轮流放哨的斑马立即会发出"警报"。这样，它们配合起来，就可以尽早地发现来犯的敌害了。

看管山羊的能手

非洲西南部的一个农家，利用大狒狒来看管羊群。在开始的短时期，农民把一只年轻的雌狒狒锁在羊栏里。过了几天，农妇连同这只狒狒一起到野外放羊。这样日子长了，狒狒就成为山羊的熟悉伙伴，同时也是农妇看管羊群的得力助手。它常常会阻止单个山羊的走失。每当太阳将要落山的时候，狒狒会自己随同羊群一起回到畜栏。

一个早晨，这只看管山羊的狒狒匆匆地从牧羊处回到畜栏，并大声叫喊，发出"责骂"。这究竟发生了什么事情？原来是一个挤羊奶的姑娘忘记把两只较大的小羊一起随羊群放出畜栏，狒狒发现在放牧的18只羊中少了两只，便回来用不断的叫声引导它们回到羊群里去。在野外牧羊时，一旦母山羊受惊发出叫声时，狒狒也会迅速地敦促它返回畜栏。

最小的山羊是不到野外去的。每当傍晚羊群回到畜栏的时候，狒狒总是忙于抱起每只小羊羔，十分温顺而小心地送到正在喊叫"孩子"的母山羊身旁，并让它吮吸母羊的奶头乖乖地吃奶。狒狒的记忆力非常好，它知道每只小羊是属于哪一只母羊的，一点也不会搞错。因为母羊只生两只奶头，所以狒狒发现哪一只母羊生下三只小羊时，它就把第三只小羊送到另外的只生一只小羊的母羊身上去吃奶，使这个"多余"的小羊也能长得很健壮。

雌狒狒这种精细看管羊群的本领，与人类可以相比拟，确实称得上是看管山羊的能手。

聪明伶俐的猕猴

猕猴是个大家族

最新统计资料表明，全世界共有 13 种猕猴，我国有 6 种，几乎占了一半。过去的叫法，是在每种猕猴的修饰语后面都加上"猕猴"两字，以表示它们都是猕猴大家族里的成员。而现在，绝大多数种类的名称上，都省去了一个"猕"字。例如，在我国 6 种猕猴中，除一种分布最广的种类仍叫猕猴外，其余 5 种都删去了"猕"字，直接叫某某猴。

我国的 6 种猕猴，虽然都列为国家保护动物，但根据它们的数量多寡和分布区的广窄，在保护的等级上有区别：台湾猴、豚尾猴和熊猴属于一级保护动物，短尾猴、猕猴和藏猕猴属于二级保护动物。

下面介绍的是我国 6 种猕猴中的一种，即猕猴。

分布最北的猴种

猕猴的名称很多，这与它产地广泛有关。猕猴最初在印度孟加拉邦的恒河畔被发现，因而叫它恒河猴或孟加拉猴；在动物园中一般称为广西猴；在两广地区俗称为"金丝猴"。1980 年 5 月，在云南永胜县海拔 2400 米的深山密林中，捕捉到一只纯白色的雄性猕猴，取名"南南"，后由中国科学院昆明动物研究所收养。"南南"有着白色的毛皮和红色的眼睛，是一只稀有的白化型猕猴，俗称"白猕猴"。

在我国大部分省区，都有猕猴的足迹，因此这是一种与民间接触最广、传闻最多的猴子。猕猴虽然属于亚热带的猴种，但由于它们对环境的适应能力特别强，能忍受 –10℃ ~ –20℃ 的严寒，在北纬 40 度的冀东山林里也能生存，所以成为世界上分布得最靠北的猴种之一。

猕猴面部肉色，没有毛。眉骨很高，眼窝深陷。幼猴面部白色，与成年猴不同。臀部也有红色的胼胝，但没有山魈那样鲜艳。两颊有供暂时储藏食物的颊囊，看上

印度的猕猴 –Mieciu K2 提供

去鼓鼓的。栖息在树林和石山，尤其是在沿河两岸的岩壁上。它们行动敏捷，善于攀缘和跳跃，还会在水中游泳，以野果、花朵、树叶为食，也吃昆虫。

"闹事"与"政变"

一次，笔者在浙江山林经过猕猴生活区时，目击一些顽皮的猴子会跑来讨东西吃，甚至从人的手中或口袋里夺取食物。一些逗猴游客，除了主动给猴子喂食外，还有意将一颗花生抛向空中，结果几只猴子同时跃起抢食。

在印度德里曾发生过"猕猴大闹课堂"的事，所以当地人把它们称为"蛮猴"。事情的经过是这样的：德里有个人口稠密的卡罗尔巴格区，那儿有一所女子学校。一天，教室里正在上课，突然闯进了一群"不速之客"——30多只猕猴。这些猴子丢粉笔，扔石板，夺走学生从家里带来的早点，把课本和练习簿撕成碎片，还砸碎了玻璃，把教室搞得一片混乱。校方试图把这批"暴徒"赶走，可是没有成功。警察和消防队员们闻讯赶来增援，想用水龙头驱散这些捣蛋鬼，可是这些猴子先发制人，把墨水瓶和学校食堂里的秤砣扔了过去，使增援者不得不狼狈而退。

　　猕猴性喜群居，常几十只或近百只一起活动。每个猴群之间各有其活动范围，有时相遇，它们便喧哗闹斗，打群架，十分激烈。每个猴群中都有一只猴王，由身强力壮的公猴担任。有的猴王比较爱护自己的"部下"，能够平等相待；有的猴王则"家长作风"特别严重，经常同"部下"抢东西吃，甚至殴打、威胁"部下"。

　　在猕猴群里，还经常发生"政变"。每年10月至来年2月初是猕猴的发情期，此时猴王的一年任期已满，一场争夺王位的殊死格斗即将开始。雄猴们纷纷前来参加猴王竞选，往往要拼命厮杀一番才能分出高低。格斗前，双方虎视眈眈，各振猴威，企图吓倒对手；接着就追逐撕咬，从地上打到树上，由树上打到地上，各自使出浑身解数，试图压倒对方；在厮打时猴子脸上出血，耳朵被咬掉，鼻子被抓伤，手指和尾巴断了，是屡见不鲜的；最后得胜者便是本年度的猴王，被打败的上一年猴王要么退为副王，要么独自向他方遁去，另立门户。

　　上海自然博物馆研究人员在海南岛考察猕猴时，发现一个猴群里除了猴王之外，下面还分老大、老二。一次，见到一只"老大"遍体鳞伤，鼻青眼肿，后腿和阴囊也被抓破了。他们感到不解，去问猕猴保护站站长。站长说："猕猴在发情期内有争偶现象，最近由于许多母猴与老大接近而不理睬猴王，猴王很生气，老二也非常嫉妒，但单独不能取胜老大，于是猴王联合老二去围攻老大，结果把老大打成这个模样。"

执教当老师

　　猕猴聪明伶俐，经过驯养和诱导，可以成为人们的得力助手。

　　"大红袍"是福建武夷珍品，在岩茶中享有"状元"之誉。其茶树高达数丈，多扎根于绝壁深峦的山岩间隙。古代，当地农民熟知猕猴喜红的习性，故把红色的坎肩穿在驯服的猴子身上，令其上树采集。

　　现今，在东南亚利用猕猴采摘椰子已不是新鲜事了，而利用猕猴当老师却十分少见。在泰国南部，有一所举世无双的猴子专科学校，校长是驯兽师丰彭先生。这所学校专门训练培养猕猴为"采椰工"，让它们学成后去采摘高大的椰树上的椰子。可是，丰彭先生发现，训练猴子做工比他以前训练猴子玩把戏要困难得多。因为猴子虽然聪明，但生性顽皮，不肯卖力气，学习时也不肯下苦功。他灵机一动，决定先挑选一只体格壮实、聪明敦厚的老猕猴当"老师"，代替他训练小猴。这一招果然灵验。以往由丰彭先生训练猴子，它们一般要3个月才能学会采椰子的本领，而猴老师教的小猴只需要一个月就可以"毕业"了。猴老师训练小猴的过程，可分为四个阶段：第一阶段是教它们用后脚站在地上，用手旋转一个个椰子，并能接住从四面八方抛来的椰子；第二阶段教"脚功"，学习飞速爬树；第三阶段是进行手脚并用训练；第四阶段训练用鼻子嗅出哪些是可以采摘的成熟椰子。有趣的是，猴老师还会对它的"学生"进行"礼貌教育"。经过这番教育以后，小猴们变得十分懂事。做工休息之余，它们兴致勃勃地为校长先生端茶献烟，还会向来访的客人们鞠躬敬礼。据校长丰彭先生透露，这个在教学中要求严格、赏罚分明的猴老师，现已培养了600个"合格学生"，几乎"桃李满天下"了！

放养猕猴

　　猕猴是世界上用途最广泛的高等实验动物。在航天飞行、医药保健、计划生育、生态平衡等研究方面，都有它的一份功劳。由于猕猴的形态构造和生理机制等与人类有许多相似之处，所以研究人类起源与进化、疾病的病理机制、神经生理学、心理学等，人们都用猕猴作为实验动物。猕猴用途广泛，需要量很大，但它又是国家保护动物，不能任意捕捉，所以大力开展猕猴的人工养殖，便是解决这个矛盾的好办法。

　　过去，动物园和南方一些地区（如海南岛）已开展了猕猴养殖。自1985年起，有关部门把猕猴饲养区域向北推进，中国科学院上海生理研究所首先在浙江千岛湖中的云蒙列岛放养猕猴成功，猴群上岛半年多就开始产仔繁殖后代。1988年，这个研究所又和上海实验动物研究中心经过科学论证，在杭州湾畔的大金山岛放养10只猕猴，其中两头雄性猕猴各自很快组建了"一夫多妻"的新家庭。

　　云蒙列岛和大金山岛都四面环水，水既是一个天然资源，也是阻隔种猴流失的天然屏障。另外，岛上植物茂盛、昆虫繁多，既为猕猴提供了丰富食物，又为它们提供了隐蔽的生存环境。

峨眉山观藏猕猴

要"买路钱"

笔者曾于1984年和1988年先后两次，与其他几个动物学工作者一起登峨眉山观猴，耳闻目睹了有关藏猕猴的许多趣事。

第一次，我们正在遇仙寺附近沿着山道下行，突然一只体大力壮的猴王从灌木丛中窜了出来，向我们中的一个名叫"阿王"的女同志扑来。虽然阿王从事自然博物馆的动物学教育工作已有二十余年，可是，猴王的这一突然"袭击"，还是把她吓了一跳。她只好将身边仅有的两只花卷丢给猴王作为"买路钱"，才得以顺利通行。我们回头一看，猴王正吃得津津有味哩！

第二次，我们已经走出了猴子的生活区，大家以为不会再有猴子来"找麻烦"了，就把剩余的猴食全部扔掉。然而意外的事发生了："噗"的一声，一只又大又胖的猴子突然从高处冲到我们面前，把我们吓了一大跳。但这一回我们不给它"买路钱"，看它能把我们怎么样。可能是因为我们人多势众，它不敢强迫我们交出"买路钱"，但紧紧尾随着我们，时而还冲到我们中间。我们为了赶路，出于无奈，最后丢给它一块饼干才算了事。

峨眉山金顶的老藏猕猴，中午从林子里出来，吃游人给的东西。

"欺陌生"和"欺软怕硬"

峨眉山上的藏猕猴，常被当地人称为"峨眉猴"。这种猴子有"欺陌生"和"欺软怕硬"的劣性。它们对外来人一点也不客气，轻者向对方索取"买路钱"，重者会"敲竹杠"甚至"拦路抢劫"。而对当地老百姓，它们却从不找麻烦，如小商贩成堆摆着的山芋、花生米、瓜子、糖果、柑橘等好东西，它们是不敢问津的，见了为游客背行李和驮人的老乡，它们也会乖乖地让路放行。

在仙峰寺附近的一段路上，我们三十多人下山，人群中有当地人，也有烧香拜佛的中老年妇女。突然，一只大猴子从一棵大树上纵跳到地面，窜到人群之中，抓住一个老年妇女的背包不放。猴、人之间展开了一场背包争夺战。过了一会儿，这个妇女终于明白了猴子的来意，急忙解开背包，交出了里面的面包，从而摆脱了猴子的纠缠。据说，峨眉猴抢了手提包或背包后，会爬上树去，翻不出食物就把里面的东西一股脑儿抛下山谷，弄得包的主人哭笑不得。有一次，猴子把一个游人的背包甩进深涧，背包装有钱包、车船票、证件、钥匙、照相机等重要物品。当时失主急得满头大汗，最后只好请当地老乡帮忙，悬索下崖寻回背包，才免遭财物损失。

向人反击

峨眉山的猴子虽然一般不会咬人，但如果你欺侮了它，它也会给你点"颜色"看看，进行反击。

与我们同行的内蒙古博物馆一个中年男子，身体魁梧而结实，一天在峨眉山竟遭到了猴群的围攻。因为他在逗玩一只猴子时轻轻地打了它一下，结果挨打的猴子发出了尖叫声，似乎在告诉伙伴们："我挨打了，大家快来帮忙。"刹那间，其他猴子闻声赶来，把男子团团围住。他见势不妙，只好假作镇静，用爬山手杖猛击地面，同时高喊："猴子要咬我了，快来人啊！"其实，猴子也是怕人的。这一喊一击，使它们先是愣了一下，然后慢慢撤退了。男子乘机拔脚就逃，可是已吓出了一身冷汗。猴子们见他奔跑，一个个都睁大了眼睛，似乎在琢磨这究竟是怎么一回事！

通情达理

峨眉山为我国四大佛山之一，游客络绎不绝，猴子久经世面，见人一点也不害怕。游客们为了增添旅途生活的乐趣，常用喂食来逗玩猴子，这样久而久之，猴子形成了一种条件反射——见游客就有食吃，于是出现了要"买路钱"的行为，这不能说是猴子的"苛刻"。

有一次，我们停歇在一个休息点，看到几个游客用带壳的花生喂十来只猴子。真有意思，你给它一颗花生，它就用手拿到嘴里咬开，吃下果仁丢掉壳，紧接着又向你要，直到你手中的花生都给猴子吃完，然后两手空空给猴子"检查"，表示"我的花生全给你吃完了"，那顽皮而机灵的猴子才不会再向你要。有一个女游客，由于不懂这一"猴规"，没有摊开手心让猴子"检查"，结果手被猴子抓了一下。幸亏旁人及时提醒，她马上摊开了手心，这才平安无事。

第二次上峨眉山，笔者事先和两个青年研究人员说好，我们不给猴子"买路钱"，看它们对我们怎么样。虽然猴子见到我们后前来纠缠，在我们身旁窜来窜去地跟随了一阵子，但我们坚持不给食，最后还是让我们通行了。从这两个事例，说明峨眉猴也是"通情达理"的。

观猴注意

笔者根据两次上峨眉山观猴的所见所闻，从藏猕猴的心理与行为方面分析，提出观猴的五点注意事项：

第一，峨眉山的猴子是国家二级保护动物，游客上山可以逗玩取乐，但不能伤害它，更不能捕捉和打死它，否则会自找麻烦。

第二，这种猴子不仅不会伤害人，而且对人"通情达理"，如果你忘了带吃的，或者带的东西已给猴子吃完，只要摊开手心，必要时翻出口袋，它们就会让你通行，决不会纠缠不清。

第三，为了能逗玩猴子又不被猴子纠缠，游客最好多带点花生、饼干或切碎的水果等食物，遇到猴群逼近，就抛一些在地上，趁它们忙于吃食或抢食时，赶快走开。千万不要在猴子面前把口袋里的食物掏出来喂它们，不然猴子弄不清楚你口袋里究竟有多少"宝贝"，会自己动手，把你的衣服撕坏。食物喂完了，只要拍一下巴掌，摊开双手，猴子知道"完了"，自然会让你过去。有时候，它还会自觉自愿地跟人在镜头下合影留念呢！

第四，峨眉山的主峰，海拔高达3099米，游客在山上投宿，尤其是投宿在猴子出没的地方，需防猴子闯入。有一次，仙峰寺旅社的一个投宿者，夜间睡前没有注意关严窗户，半夜里一觉醒来，忽然感到枕头在抽动，他摸到身边的打火机，借着亮光往四下一瞧：好家伙，板凳上、桌子上、地板上全是猴子！几个小家伙还和他一道趴在一张床上睡觉哩。

第五，一些特别胆小的游客，如果想亲眼看见"久闻大名"的峨眉猴风采，你可以花点钱雇"保镖"——当地老乡。若途中猴子过分无理，只要向导训斥一声，它们马上会有所收敛，乖乖地让开一条通路。

我国特产

藏猕猴是猕猴大家族里的成员。在我国六种猕猴中，只有它和台湾猴是我国特产动物，而后者被列为国家一级保护动物，它却是国家二级保护动物，这是因为，这种特产猴广泛分布于陕西、甘肃、四川、湖北、湖南、云南、广西、江西、浙江、福建等省区，而且数量比较多。

藏猕猴又名大青猴、青皮猴、四川短尾猴、毛面短尾猴、四川猴。它的体毛大致为灰褐色或石板青色，尾巴特别短，只占身体的十分之一左右。它满脸络腮大胡子，在猴类中是罕见的。它身材魁梧，最大者体重有33.5千克，在我国6种猕猴中首屈一指！它爱成群生活，多在地面活动，在崖壁缝隙或岩洞中过夜，因体毛又密又厚，所以不怕寒冷。它以植物的果实、花、芽和树根等为食。

说到藏猕猴，还有一件趣事。流传已久的所谓湖南"野人"——"毛公"，于1984年10月24日上午，在新宁县水头乡平栗山村被捕获，但经湖北、陕西和上海的动物学家、人类学家等鉴定，它根本不是什么野人，却原来是一只藏猕猴。据笔者分析，当地人之所以误把藏猕猴当作"野人"，可能有以下两个主要因素：一是藏猕猴个头大、尾巴极短和满脸络腮大胡子，在野外远看，模样很像人；二是"野人"之谜在我国尚未完全揭开，人们有一种发现"野人"和捉到"野人"的强烈心理。

为台湾猴做"红娘"

仅产中国台湾

台湾猴的体型酷似猕猴,不过它较小较胖。此猴体长36厘米～45厘米,尾长约25厘米～45厘米;体毛浓厚,呈羊毛状;全身呈橄榄褐色或石板色,雌猴色稍淡;四肢毛色比体毛深暗,近于黑色,这也是台湾猴与猕猴的一个区别,因而有"黑肢猴"之称。

台湾猴最早发现在台湾南部的石岩地区,所以又名"岩栖猕猴"。以后在台湾内陆的深山上也有发现。据记载,台湾猴曾广泛分布于台中、高雄、台东、恒春等地3000米以上的高山密林中,感觉灵敏,行动迅速,以野果、树叶为食,数量较多。

顾名思义,台湾猴不仅是我国的特产珍猴,而且仅产在我国台湾省,长期以来由于滥捕乱捉,已有灭绝之虞,因而显得特别珍稀,成为"猴中之宝"。1949年前后,北京和上海的两家动物园都养过台湾猴,以后陆续死光了。现在还有少数台湾猴饲养在台湾的动物园中。至于野生的台湾猴,有人推测在沿海石山区可能已寥寥无几,濒于绝迹,但在内陆深山老林区或许还能找到一些,应该特别注意保护。

台湾猴 –KaurJmeb 提供

熊猴、短尾猴和豚尾猴

酷似猕猴的熊猴

在我国产的6种猕猴中，除了上述猕猴、藏猕猴和台湾猴以外，还有熊猴、豚尾猴和短尾猴。

熊猴又名"蓉猴"、"阿萨姆猴"，过去叫它"阿山猕猴"。它的外貌十分像猕猴，如果不仔细分辨，是很难识别的。但是只要细心观察一下，也可发现两者的不同之处：一是熊猴身体又肥又壮，身长在56厘米～65厘米之间，体重约15千克，而猕猴身长为55厘米～60厘米，体重仅8千克～12千克；二是熊猴的尾巴稍短，较细；三是熊猴的体毛较粗糙，不如猕猴的毛细致，而且缺乏猕猴那样橙黄色的光泽；四

熊猴

是熊猴头顶上的毛向四面散开，好像一个漩涡。此外，熊猴的动作不如猕猴灵活，小猴不如小猕猴聪明易养，叫声喑哑或似犬吠，与猕猴也不一样。

　　熊猴分布于印度、尼泊尔、缅甸和越南，我国仅产于广西及云南南部，栖息于海拔 1000 米～2000 米的高山密林中。它们以植物为主要食物，也吃昆虫，冬季下山会损害农作物。这种猴子多成群活动，与猕猴相似。一旦遇到惊吓，它们会先爬到树顶上，再下落到地面上，然后隐匿在草丛之中，往往可以使来犯者摸不着头脑，不知其所在。熊猴也是重要的实验动物和观赏动物，它虽然不是我国特产动物，因数量十分稀少而被列入国家一级保护动物。

短尾猴与藏猕猴不能相混

　　有些人和有些书，把短尾猴与藏猕猴混为一谈。有的认为两者是同一种动物，有的则认为是同一种猴子中的两个不同亚种，这些看法都是错误的。追究其原因，可能出在两者都是短尾巴，而且藏猕猴也有"四川短尾猴"和"毛面短尾猴"之称。其实，这两种猴子是有区别的：短尾猴脸色发红，老时红得发紫，所以又叫它"红面猴"、"红脸猴"和"红面短尾猴"；在个头上，短尾猴较小，与猕猴差不多，一般是十来千克重，只有少数能达到 15 千克；短尾猴体毛较长且稀，而藏猕猴体毛又密又厚；短尾猴仅产于广东、广西、福建等地，而藏猕猴在我国分布十分广泛。此外，雄性短尾猴具有特殊的形状似矛、扁长的生殖器官，会发出令人厌恶的麝香气味。根据这一系列区别之处，较多的动物学家把它们分为两个不同的种。

　　在早期的动物学著作中，科学家把短尾猴称为"断尾猴"，因为它的尾巴特别短，只占身长的十分之一左右，而猕猴和台湾猴的尾巴长度都超过身长的二分之一。又因为它的毛色通常是黑褐色的，略似朱古力色，所以在南方又有"黑猴"或"泥猴"之称。刚生下的小猴，毛色都是乳白色，不久，

短尾猴 –Frans de Waal

毛色会渐渐变深，最后由黄褐色变成与老猴相同的黑褐色。

短尾猴栖息在多岩石而稍有树木的山上。喜欢群居，常常几十只一起集体行动，在山上主要吃野果、树叶和野菜等，但在人工饲养下也吃荤食，所以短尾猴也是一种杂食性猴子。这种猴子，除在动物园、自然博物馆里供游客观赏外，也是科学研究中的实验动物。

陌生的豚尾猴

豚尾猴虽然广泛分布于印度、缅甸、泰国、苏门答腊、马来半岛、加里曼丹和我国云南南部，但在我国6种猕猴中是最为人所陌生的。因为它仅生活在云南南部西双版纳的密林中，加上数量又十分稀少，不要说一般人，就连一些专门研究猴子的科学家也不一定目睹过其风采，因而被列为国家一级保护动物。

豚尾猴 –Hectonichus 提供

豚尾猴体长约50厘米；尾巴很短，只有15厘米～18厘米长；体重在10千克～14千克之间。它脸部肉色，体背至尾端黑褐色，颈脖和头后部赤黑色，头顶黑色而两侧土黄带红色，腹面黄白或灰白色。豚尾猴最引人注目的是，尾巴较短，尾毛很稀，行动时尾巴弯曲如弓，状似猪尾，故得名"豚尾猴"。

这种珍猴也成群在森林地区活动，每群究竟有多少只数，目前还不清楚。有的动物学工作者认为豚尾猴不吃荤，仅食植物的叶、花、果。根据国外的研究资料，豚尾猴可以饲养，最长寿命是26年，经过驯养后也会像猕猴那样采摘成熟的椰子。

金发美猴——金丝猴

最漂亮最珍贵

谈起中国的金丝猴，人们往往会不约而同地称赞说：一种最漂亮、最珍贵的动物。它头圆、耳短、尾长；天蓝色的面孔中央，有一个鼻孔上仰朝天的小鼻子，所以又叫"蓝面猴"和"仰鼻猴"；脸上长着一对黑褐色的眼睛，水灵灵的，炯炯有神；粗壮的身体上，长着柔软的金色长毛，最长的可达十多厘米，从肩部、背上披散开来，活像一个妙龄女郎耀眼夺目的金丝状"风衣"，在阳光下格外金光闪闪，因而获得"金丝猴"的美名。

全世界只有中国才产金丝猴，它不仅是我国特产珍贵动物，而且还是我国一级保护动物，在国外与"国宝"大熊猫齐名。

金丝猴生活在我国四川西部和北部、甘肃最南部山区、陕西南部的秦岭山区，前几年在湖北西部的大神农架林区也有发现。野生的金丝猴主要吃嫩枝、幼芽、竹叶、鲜叶以及各种野果，偶尔也食鸟蛋和昆虫。由于它们栖居处很高，远离低地的居民点，所以对农业、畜禽业都没有损害。

我国共有三种金丝猴，除

金丝猴 –Giovanni Mari 提供

了金丝猴（为了与后面两种金丝猴加以区分，也叫它普通金丝猴）以外，还有黔金丝猴与滇金丝猴。这两种金丝猴虽然也是我国特产和一级保护动物，但是人们却感到陌生，甚至有些人误认为我国只有一种金丝猴。这一现象，据笔者分析，可能有这样三个原因：第一，黔金丝猴与滇金丝猴比金丝猴更难发现和找到；第二，这两种金丝猴在国内动物园和自然博物馆几乎没有展出过；第三，这两种金丝猴虽然在名称上也有"金丝"两字，但实际身上根本没有金丝，难怪有的猿猴学家、动物学家认为，倒不如依照三种金丝猴的共同属名——仰鼻猴属，分别把它们叫做黔仰鼻猴（或贵州仰鼻猴）和滇仰鼻猴（或云南仰鼻猴）。

人类是金丝猴的最大敌害。因为金丝猴有一身美丽、柔软、抗寒的毛皮，加上有些人传说穿着金丝猴毛皮制成的皮衣或躺卧在金丝猴毛皮制成的皮褥上有治疗风湿症的奇效，于是金丝猴成了猎取之物。由于缺乏宣传教育，违法滥猎现象十分严重，加上乱伐森林，破坏了金丝猴的栖息地，使得部分产地金丝猴的数量锐减。

团结友爱的集体

金丝猴过群栖生活，多半时间在树上，偶尔也到地面走动走动。它们的栖息地很高，一般在海拔1500米~3500米。有时冬季山上虽然积雪很厚，但是它们身上长而浓密的体毛足以御寒抗冻。

每群金丝猴，少的三五十只，多的二三百只，有的甚至可超过三百只。猴群组织严密，由身强力壮的大雄猴担任首领，人们称它猴王。猴王的主要职责是统率猴群，爱护和保卫猴群。一旦遇到敌害，或者出现异常情况，猴王常常率先发出"呷—呷—呷—"的惊叫声，其他成员听到后立即停止喧闹，密切注视事态的发展。此刻，有的坐在粗树枝上，有的紧靠着大树干，有的利用细枝、树叶遮掩自己的身体，若不仔细寻找，是无法知道它们的藏身之处的。如果敌害追近，猴王会立即率领群猴，以惊人的速度，横穿森林的冠层逃之夭夭。群猴对猴王十分尊敬，有好吃的食物总是先呈送给它，在停息时还替它梳理体毛和"抓虱子"，设法使它心满意足。

母猴对仔猴特别爱护，在猎人追捕或受惊逃跑时总是紧紧抱住仔猴。万一猎人步步进逼，情况非常危急，它便用挤奶的方法来向对方表示自己有小猴在身，"恳求宽恕"。如果猎人仍然无情追捕，母猴已无法逃脱，它就会丢下仔猴，挺身而出，甘愿自己被擒，也要保住仔猴的性命。这种"舍己救仔"的现象，在猿猴中是十分罕见的。

猴群其他成员之间，也能互相关心和照料，尤其对那些弱小的幼猴。幼猴遇到危险时，如果妈妈不在身边，其他猴子就会毫不犹豫地抱着它们潜逃。群猴在行进途中，总是年轻力壮的猴子领头和压阵，让那些老年猴和带幼猴的母猴安全地待在中间。猴群中如有成员不幸受伤，别的猴子都会前来抢救。若有一只猴子被人打死或被食肉兽咬死，其余猴子都会拼命地把尸体抢走，当地人把这一现象称为"金丝猴抢尸"。

又聪明又机灵

金丝猴不但外貌美丽、洒脱，而且聪明、机灵和敏捷。动物学工作者在考察时，如果稍微发出一点声响，它们便会马上发觉，顷刻间就销声匿迹了。一切都风平浪静时，它们还要进行一番试探，先是折断树枝，见没有什么反响，再向树下拉屎、撒尿。如果真的"平安无事"，它们就要进行一场大森林中的体操运动了。它们能爬树，善跳跃，常常先摇动一根树枝，然后借助于树的反弹力，一跃就是十多米。因为来去如飞，当地人就叫它们"飞猴"，而把它们的腾空飞跃称为"仙女下凡"。有时候，它们在树上以"荡秋千"的方式攀缘飞跃，姿势颇似长臂猿的"臂行法"，行速极快，每小时可达四五十千米。

一年中，金丝猴会几次大搬家，这也是一种智慧的表现。每年四五月份，天气转暖了，新生的野草一片嫩绿，树梢露出了新芽，高山老林中到处是春意盎然的景象。这时候，金丝猴成群结队地向海拔 2 500 米以上的原始密林挺进。一路上，它们尽情地分享着槭树、冬青、红桦和冷杉等树木的嫩叶。炎热的夏季来临了，森林里闷热难受，金丝猴便躲在高海拔地带避暑。八九月份，天气渐冷，树叶飘落，食物日益短缺，金丝猴又要把"家"搬到海拔 1 500 米左右的树林中生活。在那儿，大自然早就为它们准备了黄澄澄、红艳艳、水汪汪的果实。

金丝猴的天敌较多，如能爬树的豹、金猫、猞猁、黄喉貂等食肉兽，还有雕等猛禽。但由于金丝猴性机灵，逃窜速度远远胜过这些敌害，所以被害者仅是少数，只有人类才是金丝猴的最大威胁。

两桩趣事

笔者在重庆动物园参观时，曾听到过金丝猴的一件奇趣事。这个动物园有一只金丝猴猴王，脾气非常暴躁，竟然抓咬了一个饲养员。那个饲养员十分生气，打了它的屁股，以示惩罚。后来，这个饲养员调到其他地方去工作了。可是事隔半

四川省南坪县的白河自然保护区

年，他回来看望金丝猴时，那只猴王记忆力真好，在众人中一眼就认出了他。为了报当时被打屁股之仇，它急忙在地上寻找石块，准备投击。因为没有找到石块，它马上拉了大便，抓起粪团作为"武器"，向着这个饲养员头上扔去，弄得那个饲养员啼笑皆非，狼狈不堪。这说明金丝猴不但记忆力很好，而且具有报复行为。

另一桩奇趣事，发生在四川省南坪县的白河自然保护区的茂密原始森林里。一天傍晚，一群金丝猴溜到寨子后面的核桃和苹果树上偷吃果子，被人们发现后仓皇逃跑，不料一条小河拦住了它们的去路。大猴子一跃而过，小猴子却跳不过去，急得"吱吱"乱叫。此刻，过了河的猴王发出"命令"，一只大雄猴马上过河去接应。大雄猴抱起小猴再次跃过河面时，却因心慌失手，将小猴子失落在水中。群猴一见，拼命顺着河边跑去抢救，终于在下游把落水的小猴子救上岸来。这时，猴王气势汹汹地走近那只失手的大雄猴身旁，举起手臂，"啪啪"就是两个耳光。那只大雄猴自知有失，只好规规矩矩地接受惩罚。当时，人们看到这一情况，个个捧腹大笑，无不赞扬金丝猴严厉的"家规"。

稀世珍宝——黔金丝猴

在外貌上，黔金丝猴与金丝猴有显著不同。除了前面说过，它身上没有金丝，远没有金丝猴美丽以外，体毛大都灰褐色，因而又名"灰金丝猴"。由于它不仅肩上带两块白斑，而且身上还多处出现白斑，所以当地人叫它"花猴"。另有一个别名是"牛尾猴"，因为在三种金丝猴中，只有它的尾巴比身躯长，这种又细又长的黑尾巴很像牛尾巴。

黔金丝猴与金丝猴一样，也是过群居生活的。每群数量多少不一，大群是一两百只，中群是数十只，小群不到十只。它们也是树栖动物，觅食、玩耍、休息、睡觉都在树上，偶尔也下地饮水或觅食，但很快回到树上去。由于长期生活在树上，黔金丝猴具备了非凡的攀爬和跳跃本领，活像最优秀的体操运动员，一跃就是两三米远，从高处往下跳就更厉害了。它们在跳跃之前，总是先紧缩身体，然后迸发出一股力量，伸展四肢向前扑去。因为身体的重量加上冲力压得树枝下弯，它们就可借助于树枝的反弹力，不费吹灰之力地连续跳跃，在林海中四处游荡。

清晨和傍晚是黔金丝猴最活跃的时刻。猴出来时，平静的树林顿时喧闹起来，似乎到处都在晃动，仿佛满山都是猴子。它们的爱好不

黔金丝猴 –Shyamal 提供

一，有的上下攀爬，有的连续跳跃，有的四处觅食，有的追逐嬉斗，有的抢抱幼猴……尽管它们各干各的，但是在整个猴群中总有一只望山猴规规矩矩地察看着，一旦发生了什么异常情况，如敌害的出现、猎人的到来，它便立即发出一声粗犷的吼叫。此刻，猴群马上鸦雀无声，几秒钟内便溜之大吉，逃得无影无踪了。说来也怪，不一会儿分散的猴子又会汇集在一起。如果有一只猴子被套住或夹住，别的猴子就会去帮助咬断绳索，设法营救这个不幸者。假如有一只小猴被猛兽抓住，一些身强力壮的大雄猴会挺身而出，试图抢救小猴。

我国著名自然保护区考察家唐锡阳在《自然保护区探胜》一书中写道："……在全世界只有不到百万分之一的人，看

黔金丝猴

到过这种珍贵稀有动物（黔金丝猴）。"这说明黔金丝猴是稀世珍宝，是世界上最稀有的一种猴子。

那么，黔金丝猴为什么如此珍稀呢？据笔者分析，可能有以下六个原因：

第一，黔金丝猴的分布区极为狭小，不仅只产在我国，而且局限在贵州梵净山这一小块地方；

第二，数量极少，根据近期考察估计，只有300只~500只，可以说是世界上最少的一种灵长类动物，也是世界上的一种濒危物种；

第三，除了北京动物园短暂地公开展出过这种珍稀猴子外，迄今世界上所有动物园都还没有展出过；

第四，科学家掌握的黔金丝猴标本非常少，国外仅有一张皮（英国自然历史博物馆1902年得到），国内也只有四张皮和一个头骨；

第五，直接观察到这种珍稀猴子的猴群生态活动的人寥寥无几；

第六，离梵净山不远的桐梓县，发现了黔金丝猴的化石，这说明了从第四纪起，黔金丝猴就在这一带安家落户了，因而黔金丝猴是名副其实的"活化石"。

滇金丝猴也极为珍稀

滇金丝猴-Cyril Grueter 提供

关于滇金丝猴，从最早发现与采集到标本，到再次发现并获得实物，间隔了足足半个多世纪。追究其原因，除了旧中国的自然科学长期处于停滞落后状态以外，主要是这种金丝猴数量稀少，产地处于几乎与世隔绝的云南、四川、西藏交界的大雪山地区。

滇金丝猴的体背、体侧、四肢外侧、手、脚和尾巴都是黑色，因而又叫它"黑金丝猴"。至于当地人爱称它"雪猴"或"白猴"，这可能是因为这种猴子经常生活在高山积雪地带，而且它的幼猴全身白色，以后才慢慢变成它父母的体色。

滇金丝猴的栖息地较金丝猴更高，一般在海拔3350米~4000米之间的高山阴暗针叶林带。猴群数量较少，通常是数十只到上百只，难得超过一百只，而且是多雄多雌的混合群。这种金丝猴与前两种金丝猴一样，也过着典型的树栖生活。在食性上与其他两种金丝猴明显不同，它是唯一以针叶树的嫩芽、芽苞为主要食物的猴种，仅在每年5月~7月，偶尔下地吃新笋和嫩竹叶。从个头上来说，根据已获的标本称重：金丝猴是20千克~39千克，黔金丝猴是10千克~16千克，而滇金丝猴是15千克左右。不过，后两种金丝猴标本获得的数量实在太少，野外可能还有较大的个体。

我国的动物学工作者，对这三种金丝猴都进行过人工饲养。相比之下，要算滇金丝猴最难养。这可能有两个原因：一是滇金丝猴食性较特殊单一，目前不容易大量供给食物；二是滇金丝猴习惯生活在高寒地区，对于低地生活环境不容易适应。

滇金丝猴 –Dreline 提供

金丝猴的近亲——叶猴

叶猴与金丝猴是近亲，有的动物分类学家把它们归为一类——叶猴科。所谓"叶猴"，是指这类猴子主要吃叶子的。我国有6种叶猴：白头叶猴、黑叶猴、长尾叶猴、菲氏叶猴、白臀叶猴和戴帽叶猴。因数量稀少，它们都被列为我国一级保护动物。

谭邦杰发现新种——白头叶猴

原来只知道广西有一种当地名叫"乌猿"的黑叶猴，到了20世纪50年代，民间传说广西还有一种更为稀少的"白猿"，但是人们四处奔波，往往踏破铁鞋无觅处。于是不少人便猜测：难道这是古书画里那种全白色的猿猴？或者是白化的叶猴？

一天，北京动物园猿猴学家谭邦杰先生在南宁郊区一家小中药店里，发现一张很陈旧的猴皮，虽然已经残缺褪色，但是还能够看得出来，这是一种黑白杂陈的猴子，只有头部是白色的。药店人员说，这就是"白猿"的皮。可是它有一条长长的尾巴，又是黑白两色的，显然它不是猿，也不是白化的叶猴。据说，它来自龙州、宁明一带。

后来，北京动物园的工作人员，终于在广西找到了活的"白猿"。谭邦杰先生对这种动物作了仔细观察，并结合那张猴皮进行了研究，

白头叶猴 –WV Bleisch WCS 提供

特别是同黑叶猴作了比较，最后确定这是一种过去未曾描述过的新猴种，定名为白头叶猴，是我国的特产动物，也是世界著名的稀有猴种。

我国至今没有出口过一只白头叶猴。这种叶猴身体瘦削，头部较小，头顶和脸部侧背的毛色发白，好像戴着一顶上小下大的白帽子，它的名称便由此而来。白头叶猴栖居在广西南部的岩溶地区，出没于这种石灰岩峭壁的岩洞和石隙之间。它们的生活很有规律，早晨相继钻出洞口，成群结队跑到附近的树林中觅食树叶、幼芽和野果。中午回溶洞休息，午后继续外出觅食和嬉耍，直到傍晚才返回溶洞中过夜。在这种陡峭的岩壁上，白头叶猴没有什么自然敌害，唯一的威胁来自人类的扰乱和捕猎。

白头叶猴

目前，人们不仅能在动物园里饲养白头叶猴，而且已经能让它们在那儿繁殖后代了。这种叶猴与黑叶猴的亲缘关系很近，可以互相杂交产仔。

黑叶猴不是我国特产

在一些动物书中，把黑叶猴作为我国特产。其实，黑叶猴比白头叶猴分布广泛，不仅我国有，越南也有。我国不仅广西有，贵州也有。在数量上，黑叶猴也比白头叶猴要多。尽管如此，黑叶猴在国外也是很难得的。据悉，欧美和日本的动物园，已经千方百计地从我国和其他国家弄去少数黑叶猴。例如，1980年10月，美国的一家动物园从我国得到4只黑叶猴，其中一只雌猴在第二年一月初产下一仔。据该园的猿猴专家说："这是这种叶猴在亚洲以外地区的首次生育，所以是个'历史性事件'。"

黑叶猴在个头大小和生活习性上，与白头叶猴十分相似，但在外貌上却有显著区别。黑叶猴的头顶是黑色的毛冠，身上除耳基至两颊和尾端是白毛之外，几乎长满富有光泽的黑毛，故得名"黑叶猴"。据说，在广西南部的大新县，曾发现过全白色的黑叶猴，它们与正常的黑叶猴同群生活，这些显然是白色的变种。有人捉住一只，还在柳州市柳侯公园里展出过，吸引了不少游客。

黑叶猴常三五成群，最多数十只一起活动。在没有外来干扰时，一般以一只健壮雄猴为首领，由它带着多只雌猴和后代一起生活。这种叶猴常有几个栖息地，每个地方轮流栖息三五天，栖息的岩洞较隐蔽，产仔期也较长，这与人类的过度干扰有关。据偷猎者说，这种猴子晚上一般都蹲坐在岩洞中凸出的岩壁、石块上蜷曲着抱头睡觉。

黑叶猴胆小怕人，在不同的情况下会发出不同的叫声。听到可疑声或枪声时，它们会发出急促连续的"唔哇、唔哇"声，

黑叶猴

随即一跃几米，马上逃之夭夭；争雌格斗时，它们发出"喔、喔、喔哇"的间断声，双眼虎视对方，进行威胁；没有发现异常时，黑叶猴就发出"嘎、嘎"声；游荡觅食时，它们常发出"噢、噢、噢"的亲密低语声，仿佛在互相打招呼；在暴风雨或寒潮来临前夕，它们还发出类似长臂猿的呼啸声，当地人常根据黑叶猴的这种声音来判断天气的变化。

随着天气的变化，黑叶猴的活动也会发生相应的变化。夏天气温高，白天中午前后它们的活动量便大大减少；秋初发情盛期，它们的活动十分频繁；秋末、冬季和初春时，天气较冷，它们常龟缩在洞中。

黑叶猴的食物丰富多彩。据多年野外观察，主要有30多种植物，包括叶、藤、花、果实和种子。动物园人工饲养的黑叶猴死亡率较高，这可能与植物性饲料少且种类单一有关。

黑叶猴

最大的叶猴——长尾叶猴

　　长尾叶猴是世界上最大的叶猴,体长近 80 厘米,尾巴更长,可达 107 厘米。在我国,仅产于喜马拉雅山脉中段的南坡,东到亚东,西到聂拉木,所以又称"喜马拉雅叶猴"。这种叶猴生活在海拔 2000 米~3000 米高的山地松林或杉林里,经常是十余只小群或近百只大群一起活动。在它们的栖息地,冬天积雪很厚,因而有人还把这种猴子称为"雪猴"。长尾叶猴的产地十分狭小,数量也少,至今在国内动物园还没有展出过,所以人们感到十分陌生。

　　长尾叶猴浑身是精细柔软的棕灰色体毛,额部有一些灰白色的毛,嘴边长着须毛,脸、耳、手、足都是黑色的。它们在地面上奔跑,或在树上跳跃时,总是长尾巴弯曲着高高翘起,显得十分神气。它们的跳跃本领很高,常常一纵身就有 8 米远,还能够从 12 米高的树上轻松地跳到地面。这种叶猴往往成天吵闹不休,每当虎、豹出现时,它们会以沉重的喉音吼叫,互相报警,以便及时逃跑。

　　长尾叶猴也是世界上著名的"神猴"或"圣猴"。印度神话故事中赫赫有名

长尾叶猴

的猴王"哈奴曼",正是这种猴子。在今天印度的一些城市和乡村里,长尾叶猴仍然可以在街头,甚至在任何地方自由活动。它们到处乱窜,经常向行人讨食,有时还要到商店中去大吃大喝。特别是在庙宇里,它们趾高气扬,仿佛成了那里的主人。这是因为长尾叶猴在印度,跟"神牛"一样享受种种"豁免权",人们把它当作神来崇拜,一点不敢"违拗"和怠慢,总是让它们"高兴而来,满意而去"。

最美的猴子——白臀叶猴

白臀叶猴 –Art G. 提供

白臀叶猴又叫黄面叶猴、海南叶猴,是世界上最美丽的猴子之一。它除了黄面白臀之外,还有一条白色长尾巴。这种叶猴身上有浓密的体毛,大部分是黑灰色的,两腿上部赤栗色,下部黑色,双臂由肘到腕呈白色。它的脸上有稀疏的白色长毛,眼睛为深褐色,眼周有黑圈。它的颈部有白色和栗色的条纹,下颌有红褐色的簇状毛,手和足是黑色的。白臀叶猴的体色确实绚丽多彩。

这种叶猴体长约61厘米~76厘米,尾长约56厘米~76厘米,栖息在热带森林中,以树叶、嫩芽和果实为食。

白臀叶猴分布于东南亚,1892年在我国海南岛也发现过,但迄今已逾一百年还未见到第二只。近数十年来在海南岛进行过几次资源普查,也没有发现此猴的踪影,所以有人怀疑它可能已经灭绝了。据考证,海南岛产白臀叶猴,主要是根据1882年12月20日,德国德累斯顿自然历史博物馆的一个人,给伦敦动物学会写的一封信。他在信中说,他们收到一只白臀叶猴的标本,它来自中国的海南岛。

菲氏叶猴与戴帽叶猴

菲氏叶猴又名灰叶猴、巴氏叶猴,也有人叫它"大青猿"。这种叶猴具有两个明显的特征：一是两眼外围和嘴巴外围的皮肤缺乏色素，形成灰白色的眼圈和嘴圈；二是有很长的黑色毛丛，从眉额之间向前探出，好像黑色长眉毛一样。在我国，菲氏叶猴仅生活在云南南部西双版纳和滇缅边境的热带及亚热带茂密的阔叶林中。它性喜群居，主要以植物的叶、花、果为食，也吃鸟蛋和小鸟。它们常在树上栖居，攀缘和跳跃能力很强，在树上纵跳时会翘起长尾巴保持身体平衡，很少到地面上活动，活动时有一定路线，受惊时多按顺序逃窜。

菲氏叶猴（印度特里普拉邦）–Shashank Dalvi 提供

戴帽叶猴又叫"长尾猴"，体长58厘米~70厘米，尾长超过体长，有60厘米~80厘米。体毛除四肢末端和尾巴为黑色外，其余都是灰色。它的脸部呈黑色，两颊胡须较短，冠毛浓密而平伏，看上去像戴着一顶压发帽，故得名戴帽叶猴。国内仅产于云南西南部的高黎贡山，性喜群居，虽属杂食性猴子，但主要以植物的叶、芽、花、果为食。

戴帽叶猴–Bulan Chakraborty 提供

山都与山魈

聪明的山都

在非洲南部和东南部的石山上，生活着一种名叫山都的大型猴子。其实它是狒狒类中的巨者，体长可超过90厘米，比一头豹子小不了多少。因为它的尾巴很细，所以又叫豚尾狒狒。它的吻部比其他狒狒都短，因而还称它为短吻狒狒。

山都不但体大，长相也有点怪。它虽属于猴类，但身体和吻部却很像狗，两只臂膀比双腿稍长一些，行走起来四脚落地。头部特别大，约占身体的三分之一，真是头重脚轻。浑身长满暗灰色体毛，面部紫色，眼睑发白，常常张着大嘴，露出一副尖利的牙齿，令人生畏。颈部和肩膀上生着浓密的长长鬃毛，显得十分威武。

山都的食性很杂，几乎什么都吃，如鸟蛋、蝗虫、蜥蜴、蠕虫以及各种植物，

山都－Amada44 提供

甚至连一般动物不敢碰的毒蝎都爱吃。聪明的山都在捉到蝎子后，不是马上吞食，而是先用手将它腹部尾端末节上的毒腺除去，然后再吃，这样就不会中毒。

在当地食物缺乏的情况下，几百只山都会聚集在一起，排成浩浩荡荡的行军队列，向别的地区迁移，目的是为了寻找食源。因为山都生活的区域，常常是有蹄动物、大型食肉动物及食腐动物共居的场所，而对杂食性的山都来说，能得到的动物并不多，它们必须翻动岩石，或者在草丛中细搜和挖掘，这样才能找到自己所需要的植物球茎、肉质的根、昆虫、落果等等。因此，山都的觅食活动是艰苦的和勤奋的，否则就得挨饿。

说来奇怪，英国著名灵长类学家哈米什·汉密尔顿在《猴类王国》一书中说："山都是天生的探找水源者。"在一个广阔的干旱地区里，如果水源离地面不很深，山都能够用一种至今还是个谜的神秘方法，去确定水源的位置，并把地下水挖出来饮用。

山都－Amada44 提供

山都虽然能够发掘水源，但往往会招来杀身之祸。狡猾的豹子和其他大型猛兽，常乘山都寻找或挖掘水源的时候，出其不备，突然向它们袭来。而山都虽凶，但在比自己强大得多的敌害面前，显得毫无反击能力，被活活杀死，这是强食弱肉的一个方面。可是，科学家在考察中，也发现了弱者胜强者的另一个方面。山都在同敌兽长期的生存斗争中，学会了御敌的本领。在成群寻找和挖掘水源时，常常派出一两只山都充当"哨兵"，端坐在一个地势较高的地方，向四处瞭望着。山都哨兵的头部不时地向四面八方转动，仿佛一座活的雷达天线。一旦发现敌情，它急忙发出一种特殊的惊叫，向同伙们报警，必要时立即逃避。

在食物严重不足时，山都群就变成了"强盗队"，在一只身强力壮的山都盗王的率领下，往往是夜间出动，闯入果园和农田，盗食大量果实和庄稼。它们吃饱肚子不算，每只山都还要拿一点回家。此刻，如果有狗向它们嚎叫，山都会恨之入骨，当场把狗咬死，甚至撕裂。平时不袭击人的山都，在它们盗食时也会一反常态。

例如有人单枪匹马去阻拦它们的"抢劫"行为，山都就会向人进攻，并且还会将人包围起来。因此，当地农民在发现山都盗食时，总是许多人一起去对付，把它们赶跑。有时候，猎人带着猎犬在山都的生活区打猎，尽管山都明知道自己不是猎人的狩猎对象，可是凶恶的众山都会从山岔里突然扑来，用它强大的双臂将猎犬压住后咬死。山都在山上同人们发生冲突时，常会从地面上拾起石块当作"武器"，狠狠地向人猛击。

可是，经过人们驯养的山都，性情会变得温和，顺从主人指挥，表演各种技艺，成为出色的猴"演员"。山都能表演的节目很多，如抽水、采摘果子、按时摇铃，以及同人展开劳动竞赛，精确分开放在一起的各种物品。山都在人群前表演时，常常会变得过分兴奋，造成失误，这可能是它们在自然界过群居生活的原因。据科学家研究，假如一只雄性山都在人们面前，脸色变得像红面猴那样通红，这并非动气或粗野行为，而是以最友好的表情在欢迎大家呢！

凶暴的山魈

山魈 –Malene Thyssen 提供

在猴类王国里，论个头之大，当推山魈了。它体长可超过 0.8 米，站立时有 1 米多高，一般体重在 30 千克 ~ 40 千克。有记录的最大一只山魈，体重达 54 千克，是迄今为止知道的最大的一只猴子。

山魈的面部形态十分奇特，像京剧舞台上的大花脸一样。大头，长脸，头顶上长着一簇黑色的毛，根根高高竖起。眉骨高突，两眼窝漆黑深陷，眼球橙黄。鼻子深红色，鼻梁两侧的皮肤褶皱，呈蓝色而透紫。嘴上长着橙须，下巴像年逾古稀的老翁，拖着浓密的白须。更为有趣的是，山魈的臀部有一大块鲜红的胼胝，与鼻子形成鲜明的对照。

山魈的毛又长又软，背部毛色黑褐，腹部白色或灰白色。四条腿粗壮，几乎一样长。尾巴极短，不超过7厘米。

山魈分布于非洲西部的喀麦隆、加蓬、刚果等地。人们第一次发现山魈，是在一百余年前的事。那时，一支考察队在山魈故乡森林中与山魈不期而遇，望着它那副神秘莫测的面孔，队员们个个都惊呆了。由于它形态奇特，今天在非洲仍被描绘成山中的"鬼怪"。

山魈 –Pkuczynski 提供

山魈喜欢栖息在热带雨林多石少树的丘陵地区，群居而地栖生活，每群数目少则几只，多则可达上百只。通常，每群都有一只中年雄性山魈作为首领，它们的牙齿特别锐利，是用来御敌作战的有力武器。山魈遇到狮、豹也不畏惧，只要首领一声嚎叫，其他成员就会群起而攻之，大打出手。这时，首领往往"身先士卒"，冲在前头，异常勇猛。虽然狮、豹厉害，但常常在山魈群的围攻下仓皇逃走。通常，山魈对狮、豹那样的强敌不会主动出击，而是投掷石块来做防御。因为山魈性情变化无常，当地人们见了它们大多退避三舍。在动物园里，山魈虽经饲养驯化，但仍有危险性。当游客逗它时，山魈常会摆出一副好斗的模样。

早上天刚蒙蒙亮，山魈群中有一只首先发出嚎叫声。此声仿佛是"起床"信号，不一会儿所有的山魈也都开始动弹起来。它们起身的第一个动作便是搔痒，搔了一阵以后才站立起来，有的还要伸一个懒腰，竖起它们的尾巴，然后才大摇大摆地走动，到了适当的时候便纵身一跃，跳下树来，到地上觅食，开始新的一天生活。

山魈的食性很杂，不论是嫩枝、幼叶、野果，还是鼠、鸟、蛇、蜥蜴、蛙，它都爱吃，有时还会捕食其他猴子。到了中午，活动减少，有时也到溪流中去饮水或下水活动。等到太阳西斜，它们又开始觅食活动，快到太阳下山时，它们的肚子已经吃饱了，便坐在树底下相互抓痒嬉戏，到天黑时才一个个地往大树上爬，寻找自己满意的树枝，在那里蹲坐着睡觉过夜。

卷尾猴和松鼠猴

人称泣猴的卷尾猴

卷尾猴 –Moosh 提供

卷尾猴也生活在南美洲和中美洲的热带雨林里，体长 48 厘米~50 厘米，尾巴与身体差不多长，大约在 50 厘米左右。体毛灰褐色，肩膀、喉部和前胸上毛色较淡。两个鼻孔之间的距离很宽，面容常常显露出忧愁伤感的模样。有的卷尾猴，头上长有黑色簇毛，远远望去，好像戴着一顶和尚的帽子，因而又叫它"僧帽猴"。

当地人习惯于叫卷尾猴为"泣猴"，这是因为卷尾猴的叫声似人的哭泣声。卷尾猴还有一个最引人注目的特点，就是它们的一条能卷曲的长尾巴，可以牢固地缠绕在树枝上，悬挂住整个身体，因而又有"悬猴"之称。

卷尾猴善于攀缘，常常成群在树顶上玩耍，吃些野果、昆虫和鸟蛋，很少下地活动。卷尾猴性情温顺，容易驯养，可以教会它表演节目，很多国家的动物园都有卷尾猴展出。

松鼠猴的"五奇"

1. 名貌不符

松鼠猴又名鼠猴，生活在南美洲热带雨林里，动物学家根据它的分布地区的不同和毛色的差异，分为普通松鼠猴、巴拿马松鼠猴、巴西松鼠猴和太平洋松鼠猴4种，种下又分为15个亚种。

"松鼠猴"一名，令人陌生，它是从英文 Squirrel Monkeys 翻译而来。通常，动物的名称与其外貌特征是相吻合的，如蜘蛛

松鼠猴 –Manuel Antonio 提供

猴的长相确实有点像蜘蛛的形状，眼镜猴或多或少像戴着一副眼镜的模样，长颈鹿的脖子就是特别长，鸭嘴兽的嘴巴酷似鸭嘴。而松鼠猴，外貌和体色既不像松鼠，又不似老鼠，也不会发出像松鼠或老鼠那样的叫声。所以叫它松鼠猴或鼠猴，可谓第一奇。

2. 严选地盘

在人们的概念里，凡是猴子皆生性好动，行踪自如，漫游四方。松鼠猴虽然性情也十分好动，但是对自己的活动地盘挑选严格，要求具备两个特点：一是靠近河岸或溪边的森林地带；二是森林必须茂密，而且要侧枝交叉横生。地盘选定以后，它们就局限在一个小范围生物环境内休息、觅食和嬉戏，决不会超越出数百米之外。这一现象，在猴类王国里是十分罕见的，可谓第二奇。

3. 抢劫食物

不久前，美国一支动物学家考察队进入南美洲的热带雨林，宿营在松鼠猴的栖息地盘中间。一天早晨，太阳刚刚升起，考察队员们还在帐篷里熟睡。突然，几百只松鼠猴从树冠向宿营点扑来，声响颇如雷雨声，势不可挡。它们闯入帐篷之中，翻遍几乎每一样东西，打开队员们的箱子和其他关闭的器具，甚至冲进厨房，从炽热的炉子开口处抓取烘面包吃。队员被惊醒后，立即拿起扫帚当作"武器"驱赶它们。可是，这些淘气的"小强盗"十分大胆，似乎了解队员不会伤害它们的心理，毫不畏惧，继续进行"抢劫"活动，弄得队员们啼笑皆非，无可奈何。大约半个小时以后，几百个"小强盗"把这支考察队的临时家庭搞得乱七八糟，几乎所有的食

品被食取一空。最后，它们洋洋自得，成群而去。像上述松鼠猴的"抢劫活动"，在历来动物学家的考察史上，可能是破天荒第一次，可谓第三奇。

4. 特殊叫声

松鼠猴吃食的时候，专门有哨猴守防，一旦遇上敌害接近，哨猴会立即发出一阵惊叫报警，其他猴子闻声也一起共鸣，立即汇成一股洪亮的海浪击岸似的喧闹声，往往吓得来犯者心惊胆战，拔脚就逃。

为了进一步研究松鼠猴的声音，动物学家用录音机录下了松鼠猴的叫声，然后通过电脑分析，发现它们的声音十分奇特。具有与众不同的词汇，所以它们的喧闹声不像其他动物，这可能就是吓跑敌害的原因所在，这可谓第四奇。

5. 体色奇异

在所有哺乳动物中，论体色，松鼠猴可算是最奇异、最艳丽的了。它的整个身体，乍一望去是黄、灰结合的椒盐色。仔细一看，它的头顶、身体上外侧和尾巴基部一半上侧是一种鲜绿色；面部是纯白色，唯独口、鼻和下巴都是黑色，好像戴了一个黑色的口罩，显得滑稽可笑；尾巴末端一半乌黑发亮，而且具有浓密的毛。松鼠猴的手和脚是淡桃红色，或者绿色、黄色深浅不等，因种类不同而异。有的松鼠猴耳朵裸露，有的松鼠猴耳朵被有短毛，有的松鼠猴则生着长长的丛毛或毛边。

松鼠猴的体色丰富多彩，当它们成群穿梭在密林之中，或者出没在地面上时，其场面真是美不胜收，令目击者赞叹不已，可谓第五奇。

疾如飞鸟的长臂猿

最小的类人猿

现今世界上共有四大类人猿，按它们的个头从大到小排列，分别是大猩猩、猩猩、黑猩猩、长臂猿。其中长臂猿当为最小的类人猿了。前三种大型类人猿产于赤道附近的热带森林中，长臂猿是亚洲的特产，集中分布于亚洲的南部和东南部。

从长臂猿的形态特征和解剖结构来看，它接近于大

雄性黑长臂猿

型类人猿，同猴类差别较大；在进化的位置上，长臂猿虽介于大型类人猿和猴类之间，却偏近于大型类人猿；长臂猿的进化程度和智能虽明显地不如大型类人猿，但比起猴类来却要进化得多，因为它完全脱去了尾巴——所有猴类的标志，而具有类人猿没有尾巴的

一对白颊长臂猿 —Postdlf 提供

白掌长臂猿 –BirdPhotos.com 提供

白眉长臂猿 –Programme HURO 提供

特征。

以前报道（包括前几年出版的一些动物书）说：全世界共有7种长臂猿，产在我国的有3种。但据最新资料记载，全世界共有9种长臂猿，我国产的有4种：云南西南部及海南岛的黑长臂猿（又名黑冠长臂猿）；云南西南地区的白掌长臂猿；云南西部的白眉长臂猿；云南南部的白颊长臂猿。

杰出的"杂技演员"

传说，我国古代有一种双臂十分长的"通臂猿"，它们行动神速，能够在树木间来去如飞。还传说这种动物的两臂有自由伸缩的本领，能够一臂短，一臂变长，彼此连通，因而叫它为"通臂猿"。古代的一些拳术家根据这一道理，创造出一套拳法，叫做"通臂拳"。其实，"通臂猿"是被夸张了的长臂猿。

在所有的猿猴中，甚至在整个哺乳动物里，长臂猿是最机灵、最敏捷的攀爬者和"臂行者"。它的前臂特别长，身长0.5米～0.9米，可是双臂展开却有1.5米，站立时双手下垂可碰到地面，所以叫它长臂猿。

长臂猿主要生活在树上，特别喜欢在群山环绕、古树参天的森林中活动，其行动确实类似古代传说的"来去如飞"。它们常常采用"臂行法"，先用两条长臂把身体吊在树枝上，然后双臂迅速交叉移动，如荡秋千那样越荡越快，在树林中一下子就能飞跃8米～9米空间，疾如飞鸟，身手灵活。一群长臂猿以这种神速无比的"臂行法"掠过，姿态十分优美，但刹那间却又消逝在百米以外了。

长臂猿主要吃植物的果实。无花果、芒果、葡萄、李子和荔枝，是它们的家常便饭。有时，它们也吃昆虫、鸟蛋和小鸟。长臂猿腾空捕飞鸟的本领，实在令人赞叹。在腾起后，它能用一只手抓住空中的飞鸟，用另一只手去抓住看准的树枝。有时候，它们在纵跳中，脚下的树枝突然断了。长臂猿就在空中稍一回旋，转过身来，抓住剩下的树枝，荡上一圈，然后跃到另一棵树上。

你见过长臂猿饮水和洗脸的情景吗？它们先跳跃到近水面的树枝上，然后用双足倒挂在树上，头部向下，用不着下地，只要用双手取水就行了。在动物园里，它们经常表演一些惊人的技艺，博得观众赞扬。它们也喜欢在地上翻筋斗。有时，它们躺在地上，调皮地用脚勾住食盆，扔向空中，然后用手去接。因而，没有几天工夫，它的食盆便坏了。要是让长臂猿参加马戏团，它们准是顶呱呱的杂技演员呢！

长臂猿很少下地行走。它们偶尔来到地面，立刻变得笨手笨脚，双臂根本发挥不了作用。因为它们两条腿不发达，而双臂又太长，站立起来可以触及地面，好像没有地方摆，只好朝上举起，用腿摇摇晃晃蹒跚而行，做出一副"投降"的怪模样，显得十分滑稽可笑。其实，它们举起双臂，在行走时可以保持身体平衡，避免倒向一边。

最出色的高音"歌星"

长臂猿的啼叫声极为嘹亮，可以与南美洲的吼猴相媲美，它们被并列为动物世界最出色的高音"歌星"。

"猿啼"是诗人们常用的题材。李白的《早发白帝城》诗中云："两岸猿声啼不住，轻舟已过万重山。"白居易在《舟夜赠内》诗里也说："三声猿后垂乡泪，一叶舟中载病身；莫凭水窗南北望，月明月暗总愁人！"这两位古代大诗人诗中的"猿"，指的就是长臂猿。

据后来科学家考察，长臂猿的啼叫声确实是引人注目的。每天清晨，多半先由雌性长臂猿发出"喂—喂—喂，哈哈哈"的声音，由低到高，从慢至快，高亢的独唱声划破了密林寂静的长空。然后雄性长臂猿发出了啼叫声，与雌性伴侣对唱起来，在高昂的啼声中，时而还夹杂着呜呜的共鸣声。最后，幼猿们也开始引吭高歌，纷纷加入这气势磅礴的迎晨大合唱。合唱声连绵不绝，可以延续15分钟左右。猿歌飘过茫茫林海响彻四面八方，数里之外也可听得十分真切。迎晨大合唱结束，众猿就进早餐，大约8点多钟，它们才再次尽情歌唱。

长臂猿为什么要发出高昂而响亮的啼叫声呢？原来，长臂猿是实行一夫一妻制的动物。在一个家庭里，一对雌、雄猿和三四只幼猿生活在一起。每个家庭都有自己的地盘，为了不准其他猿闯入，它们会发出"枯，枯……"的啼叫，警告异群长臂猿："这里是我们的地盘，你们不得入内。"万一发生"边境纠纷"，它们也不真正动手，而是不停地发出"嘎、嘎、嘎"或"唧、唧、唧"的恐吓或威胁声，此刻，如果入侵者感到恐惧和害怕，往往会发出"格亚、格亚"的认输声，并很快溜之大吉。因而，长臂猿的啼叫，既是取乐的一种方式，又是群体内相互联络的一种信号，还是相互警戒、保护自己领地的一种警告声。

救救长臂猿

长臂猿过去曾广泛分布在我国长江流域以南各省，现在则仅见于云南和海南岛。我国公元5世纪的《水经注》一书，记载长江三峡地区有长臂猿，当时过三峡听猿啼是一大景观。后来由于长臂猿栖息的森林不断被砍伐，加上长期捕猎它们，直到12世纪宋朝时逐渐绝迹，使长臂猿从长江流域退居到我国南部地区。

　　长臂猿是我国唯一的类人猿。令人担忧的是，它们已数量极少，濒临灭绝。分析其原因，主要有两个：

　　第一，长臂猿是典型的树栖动物，除非十分必要，很少下地。森林资源的乱砍滥伐，直接影响长臂猿的生存，这是导致这类动物数量锐减的根本原因。

　　第二，目前，我国产的四种长臂猿虽都列为国家一级保护动物，并在云南、海南两省都建立起自然保护区，但偷猎现象仍屡有出现。而长臂猿高昂的啼叫声，把自己的行踪暴露无遗，这就给偷猎者提供了方便。据调查，生活在海南岛的黑长臂猿，20世纪50年代还有两千多只，由于猎人闻声跟踪，模仿其啼叫声进行引诱，然后举枪捕杀，以致目前全岛只残存了七八个小群，总数约三十只。

　　其他三种长臂猿的处境也不妙。云南西双版纳勐腊县的白颊长臂猿，在20世纪60年代初数量还不少，可是十多年前有人去考察，即使在较边远的地方也听不到猿啼了。还有白眉长臂猿，1982年有人三次专程到云南腾冲县产地山林去寻找它们，结果毫无收获，只得扫兴而归。至于白掌长臂猿，也数量寥寥，危在旦夕。为此，我们不得不呼吁：救救长臂猿！

濒危的猩猩并非独居者

十大濒临灭绝物种之一

最近,美国提出目前世界上濒临灭绝的十大物种最新名单,亚洲的猩猩列在其中。

大猩猩和黑猩猩都产在非洲,而猩猩则产在亚洲。因为猩猩的体毛呈红褐色,所以又名红猩猩、赤猩猩、褐猿。至于报刊上曾称它为"黄猩猩",这为误名,是欠妥的。有的科学家说猩猩是"巨猿",其实它在类人猿中只能算老二,大猩猩才是老大。猩猩的个儿要比大猩猩小得多,一般身高1.4米,体重在70千克~80千克,不过它喜树栖生活,很少下地,因而获得了"最大的树上居民"称号。

大猩猩和黑猩猩虽然也属于世界珍稀动物,但是目前它们的生活区还相对较广,数量也尚未到濒临灭绝的程度,而猩猩仅产于亚洲的苏门答腊和加里曼丹(婆罗洲),加之人们长期的滥捕滥猎和任意伐木,严重破坏了它们的栖息环境,以致数量逐年锐减,今天到了濒临灭绝的境地。不久前,虽然印度尼西亚和马来西亚政府对这种世界珍稀动物实行法律保护,还建立了猩猩自然保护区,但是偷猎现象仍有出现。

并非绝对独居者

过去,动物学工作者较为普遍地认为,猩猩纯系一种喜独居生活的猿类。有一位研究人员,用了52天的时间,在加里曼丹寻找猩猩,结果仅见到过一次孤只无伴的猩猩。另外一位研究人员经过为期一年半的考察,他发现除了需要依赖于母猩猩的幼仔以外,猩猩在98%以上时间内单独生活。因而他们认为,猩猩已失去了哺乳动物本该具有的结群社交习性。

20世纪70年代初,两位美国人类学家对猩猩初步观察得到的情况,与上述的结论是一致的。例如在为期5天跟踪一只名叫"贝恩"的雌性猩猩和它的幼仔"伯特"的过程中,他们发现它俩从未和另外任何一只猩猩接触。然而他们始终困惑不解：难道这一切绝对正确？猩猩与其他类人猿不同，有名副其实的孤独癖？

他俩决心继续观察下去，直到发现答案为止。由于猩猩是一种难以捉摸而且寿命很长的动物，其幼仔哺乳期长达8年之久，而成年猩猩则可活到五十多岁，所以这一答案决不会轻而易举地一锤定音。

这两位人类学家经过无数次的观察以后，终于发现早期提出的有关猩猩喜欢独居的观点尚欠正确，

猩猩母子 -Tony Hisgett 提供

其实猩猩既不是终身单独生活，也不是不善于交际。事实上，某些猩猩相互之间建立了长期的友谊关系，它们的群居习性和其他猿类极其相似，仅是规模较小、运动较为缓慢而已。

在猩猩的结群行为中，他们发现成年雌性较成年雄性更加擅长交际，更加愿意群居，常常会花费20%的时间与其他猩猩结伴，母猩猩们相遇时显得颇为友好。幼年猩猩与成年猩猩相比，前者格外爱好社交，其中特别是雌幼猩猩，在它们离开母猩猩时的8岁~9岁至发育到成年时的15岁之间，似乎乐意和同龄异性猩猩结伴而行。

在这两位人类学家所见到的猩猩群中，规模最大的要数由一只名叫"普丽西拉"年迈猩猩带领的、由7只猩猩组成的队伍。它们从一棵树漫游到另一棵树，接着又移动到一棵中等大小的树上一起咀嚼着嫩叶，然后消失在漫无边际的林海之中，这简直是像发生在密室里的一场聚会。最后，一场争吵终于使这次聚会四分五裂。"普丽西拉"和一只名叫"卡拉"的猩猩，一边尖叫嘶鸣，一边头顶头地扭打起来。接着，"普丽西拉"和一只名叫"珀格"的猩猩朝一条小径跑去，而其他5只猩猩走

向另一条道路。

社交活动

一只名叫"霍德华"的次成年雄性猩猩朝着名叫"卡拉"和"卡尔"的母子俩走近,虽然其体态较"卡拉"魁梧,但还缺乏成年雄性猩猩所具有的丰满肉质的颊垫和喉囊。只见它全然不顾正在向下窥探的"卡拉"的注意,大胆地爬上那棵榕树树十上,然后将手臂伸到"卡拉"的背后,温柔地躺到其腹下。出乎这两位人类学家意料的是,"卡拉"也向"霍德华"接近,而后依恋在它的身边,似乎正在企图获得爱抚。可是,过了不久,"霍德华"和"卡拉"的儿子"卡尔"便吵起架来,"卡尔"脸部变得扭曲,一改常规开玩笑的鬼脸。然而到了第二天上午,这三只猩猩依然结伴漫游和用餐。

可是好景不长,随着不远处一棵枯树的砰然倒地,这首三重奏的晨安曲戛然而止,取而代之的是轰鸣的咆哮声,唯有年富力强的雄性猩猩才能发出这种长鸣。

"霍德华"一边朝叫声方向移动,一边发出低沉的唬唬声,两眼直视着前方。"卡尔"尖叫着直向"卡拉"奔去,然后吮吸着妈妈的胸脯。可是,"卡拉"却没

猩猩家庭分享果实(马来西亚婆罗洲)—Nino Verde 提供

有丝毫反应,依然像蒙娜丽莎那样安详地坐着,凭这两位人类学家的直觉,可以断定它肯定知道谁是发声者。

20分钟以后,这两位人类学家也找到了答案:先是树枝折断,枯树倒下,然后是一只庞大惊人的雄性猩猩朝他俩走来,而"霍德华"、"卡拉"和"卡尔"都躲藏起来,接着树林又恢复了往常的宁静。刚刚怀孕的"卡拉"十分讨厌和雄性猩猩相遇,然而它们偏偏在它的周围闹哄哄地跑来跑去。由此看来,雄性猩猩喜欢绕着雌性猩猩旋转,尤以对性感雌性更为明显,"卡拉"便是其中一例。

有一次,这两位人类学家还发现"卡拉"和"卡尔"正在共享美味浆果,年迈的"普丽西拉"偕同儿子"珀格"前来加入它俩的行列当中。起初,"普丽西拉"目不转睛地凝视着远处,接着,"贝思"携带幼仔"伯特"以及跟在后面的一只年轻白脸猩猩,也来到同一棵树上共同分享果实。

爱情生活

一只名叫"乔治纳"的雌性猩猩,正处于青春发育时期,因此躯体颇为庞大,

猩猩家庭 —Jeffery J.Nichols

脸颊上还覆盖着两串蓬松的长发。这两位人类学家连续 12 天首次观察了"乔治纳"的爱情生活,结果发现它几乎每天会和其他猩猩相遇结伴。有时它会偶尔碰到并不理睬它的成年雄性猩猩,有时它又会有幸遇见愿意和它结伴的次成年雄性猩猩。在这过程中,"乔治纳"和另外的两只青春期雌性猩猩一起旅行和饮食,并和那只跟随它的青春期雄性猩猩共同分享伙伴,它们时而温文尔雅地玩耍,时而含情脉脉地爱抚。他俩曾观察到"乔治纳"和结伴而行的情侣互相嬉戏调情的场面。

这两位人类学家还经常见到次成年雄性猩猩"霍德华"与青春期雌性猩猩"诺尔斯"之间的相互联系。曾有一次,为了跟踪它们的行迹,他俩不得不涉足于沼泽淤泥之中。两位人类学家因精疲力竭离开现场时发现,"霍德华"和"诺尔斯"依然待在一起,但不仅仅是为了性交。诚然,"霍德华"常常凭着次成年雄性猩猩的一时冲动,强迫其他并不愿意性交的雌性猩猩交配,但它却从未胁迫"诺尔斯"这样做。每当"霍德华"性欲大发,企图和其他雌性猩猩性交时,"诺尔斯"却逗留在隐蔽处。但有一次,他俩惊奇地发现:当"霍德华"蠢蠢欲动时,"诺尔斯"不但不"吃醋",相反去袭击那只不愿与"霍德华"性交合作的雌性猩猩。

过了一会儿,"诺尔斯"开始性欲旺盛,便单独跟在身材魁梧、颊垫丰满的成年雄性猩猩"尼科"后面,在"诺尔斯"的企求下,它俩性交了数次,然而曾与"诺尔斯"亲昵过的"霍德华"却躲在 45 米外的树干后面窥探着它们寻欢作乐。

经过多次观察以后,这两位人类学家发现雌性猩猩似乎更加愿意和成年雄性猩猩交配,尽管它们经常和次成年雄性猩猩互相做伴。同样,成年雌性猩猩首先成为次成年雄性猩猩的最佳性交对象。

最后,这两位人类学家认为,从猩猩的爱情生活来看,雌雄性之间接触频频,不像其他一些哺乳动物"快速交配"后各奔东西。

森林中的"金刚"——大猩猩

大猩猩究竟有几种

在人们的概念里，或者已出版的动物学著作中，都认为世界上只有一种大猩猩。这里提出"大猩猩究竟有几种"的问题，或许会令人感到奇怪。

大约在20世纪70年代时，科学家根据大猩猩生活区域的不同和个体之间的略微差异，将这种动物分为三个不同的亚种：

西低地大猩猩亚种：栖息于非洲热带雨林，从海平面到海拔1 950米以下，在刚果、加蓬、赤道几内亚（木尼河）、喀麦隆、中非共和国的西南角，以及尼日利亚的东南端等地活动。这一亚种是人们在动物园

西低地大猩猩 –Richard Ashurst 提供

展览和马戏团、杂技场演出中最常见的。它个头较小，但很强壮，体毛光亮而短，虽已广泛饲养、展出，但对它的野外行为和生态，人们知道得还不多。

山地大猩猩亚种：栖息在非洲维龙加自然保护区和扎伊尔的卡胡齐山区，通常分布于海拔大约1 950米~

西低地大猩猩 –Ltshears 提供

东低地大猩猩 –Graueri Gorilla

4 050米，有的也超过4 400米。这里气温很低，经常处于0℃，可能出于御寒的原因，山地大猩猩在三个亚种中个子最大、体毛最长。

东低地大猩猩亚种：栖息在东非和中非等地区的热带雨林中，人们对这一亚种知道得更少。

最近，美国哈佛大学著名人类学家马里伦·鲁沃洛和她的合作者，通过对大猩猩的分子分类学研究后提出：目前世界上生存的大猩猩不是一种，而应该是两种。因为西低地大猩猩亚种与其他两个亚种——东低地大猩猩和山地大猩猩之间，在细胞核中的线粒体DNA有明显不同。这一差别，比普通黑猩猩与倭黑猩猩之间的差异更大，所以应属于两个分离的不同种，即两种大猩猩。鲁沃洛还推测，大猩猩的两个不同种的分离，可能在300万年前已开始，从那时就进化为各自的独立种了，问题在于我们限于科学水平而没有及时去研究并确定它。

山地大猩猩 –Dave Proffer 提供

森林中的"金刚"——大猩猩

山地大猩猩家庭 —Carine06 提供

建立研究中心

在非洲的中心地带，有一个由八座高耸的火山组成的自然保护区——维龙加自然保护区。早在1925年，科学家克雷勃·阿克利已发现这一火山自然保护区的生态学上的重要性，并建议政府建成自然公园，作为保护大猩猩的基地。今天，有两处活动的火山，因偷猎和耕作之故，大猩猩在那里已无法栖身而"搬家"了；另外六处暂死的火山，经扎伊尔、乌干达和卢旺达等国家公园保护者们的严加管理，才有一定数量的大猩猩在那里生存。

维龙加自然保护区，面积为375平方千米，平均海拔高度近2 370米（海拔高度大约为2 070米～4 436米），植被茂盛，森林繁密，这种山区环境，不仅是大猩猩生活的良好场所，也是其他多种哺乳动物，如森林象、豹等聚集之地。

维龙加自然保护区的维索克火山的南面山脚，已辟为卢卡里索克大猩猩研究中心就建立在这里。研究中心经常被薄雾所覆盖，中午也常有大雨和暴风的袭击。科学家为什么选择这样的环境作为研究基地呢？因为，这里有固定的辽阔植被，高山坡上有隔离的浓密灌木丛生，更主要的是这里大部分是崎岖山区的低植被地带，山的基部还有草地，是科学家们直接观察大猩猩的理想之地。

群中的"首领"变换

近数十年以来，科学家对野生的大猩猩已经作了多次考察，其中较彻底的研究就是在维龙加自然保护区。

为了深入地探索野生大猩猩的奥秘，美国科学家彼得.G.维脱花了两年时间，几乎天天跟踪着一群山地大猩猩。

在这个大猩猩群里，有一只取名"比桑文"的年老雄性大猩猩，至少25岁了，背部有一块显眼的银白色毛，呈马鞍状，维脱叫它"银背"，是全群的首领；另一只取名"伊卡鲁斯"，也是成年雄性，大约有17岁，长相与"比桑文"相似，称它为"第二只银背"，是群中的"第二把手"。还有两只年老的雌大猩猩，是"比桑文"的长期配偶，已经生下了许多儿女；而"伊卡鲁斯"与群里较年轻的三只雌大猩猩结缘，也产下了不少后代。所以这个群，实际上是两个亚群的"联盟"。

维脱在长期跟踪这群山地大猩猩中，发现了一个有趣的现象：一天，"比桑文"的一只老伴快要死了。当时，"伊卡鲁斯"很快地在它的身上跳击，促使其早死，而身为首领的"比桑文"却站在一旁无动于衷。据维脱解释，因为年老的"妻子"已经不会生育，所以"丈夫"不进行保护。从此，"伊卡鲁斯"开始想取代"比桑文"的首领地位，从群的边缘位置移到群的中心，而"比桑文"却会慷慨地让出首领职位而移到外侧。但事情并不是那么简单，群中的大多数成员还是继续服从"比桑文"的指挥。可见，大猩猩群中首领的变换，需要较长的时间才能真正完成。

没有想象中的凶残

在现存四大类人猿中，当然数大猩猩的个头最大了。据测定，最大的大猩猩体高近2米，体重可超过290千克，被人们称为"猩猩之王"和"森林中的金刚"。不知是这一原因还是其他缘故，美国曾有几十部影片把大猩猩说成是一种性情粗暴的凶蛮怪物，在世界各国出版的一些动物学书中也说它性情凶暴残忍。其实，动物也不能看貌相，大猩猩是害羞而温和的素食动物，主要吃各种嫩芽、竹笋、野果等，很少偷食农作物，也不会袭击人。

维脱在维龙加自然保护区目击：当山地大猩猩漫游遍及自己的领地，享受山区雨林的乐趣时，与它们生活在一起的其他动物都平静、安宁，这说明大猩猩并不会侵犯"别人"。

女科学家纶西，曾在非洲实地考察和研究大猩猩足有十年。她说："在我观察大猩猩的3 000小时中，只发现它们有过几分钟的粗野行为。一次，5只雄性大猩猩一起吼着向我冲来，我大喊一声'遏'，5只大猩猩立即乖乖止步，向我望望，然后慢慢地走掉。"这说明，大猩猩虽为森林中的"金刚"，但还是害怕人类的。当然，大猩猩也不像小天使那样可爱，纶西看见大猩猩之间也在15%的时间里有搏斗行为；同时，她还见到过三次雄性大猩猩故意杀死幼大猩猩。此外，对于猛兽的攻击，它便会毫不客气地用自己数百千克的臂力猛烈反击，难怪连号称"兽中之王"的狮子见了也让它三分。

爱情专一

雌性大猩猩长到10岁～11岁，雄性大猩猩长到12岁左右时，开始找对象繁殖后代。在野生的大猩猩群中，雌性大猩猩的"爱情"是专一的，它只选择群中地位最高或者与它关系最密切的"银背"（成年雄性的代名词）作为配偶。这只银背从与它交配到它的怀孕期内，一直守卫在它身旁，如有别的银背前来扰乱，两只银背之间就会发生一场激烈的"保妻"与"夺妻"的争斗。

雌性大猩猩的怀孕期为250天～258天，每隔3年～5年生一仔。生育间歇的长短，依赖于母体的健康状况和后代的发育速度。母大猩猩产仔以后，要禁欲2年～4年，在此期间集中精力照料幼仔，早期抱在怀中，后期让幼仔骑在背上，每夜母大猩猩与幼仔睡在一起，彼此眷恋性很重。一直到幼仔长大并能独立生活时，母大猩猩才开始下次的繁殖。

在一个大猩猩群里，有时会出现雌多于雄或雄多于雌的现象。在这种情况下，一些雌性大猩猩会脱离它们的出生群，外出物色单身银背，建立起新群；同样，如果成年雄性在出生群中找不到配偶，它们也会离群而去，一旦碰上单身雌性大猩猩就互相结合，建立起新群。因此，在大猩猩社会里，各个群是很不稳定的，既有几个群的"联盟"，又有一个群的"解体"。

据科学家观察，通常野生的雄性大猩猩不会与已有配偶的银背争夺雌性，而会另找对象交配。据说，在人工饲养的大猩猩中，争雌格斗现象却屡有出现。

倭黑猩猩的和平王国

倭黑猩猩与普通黑猩猩

根据猿猴学家的研究，发现陌生的倭黑猩猩与常见的普通黑猩猩之间还是有较多区别的。

分子生物学家判断，倭黑猩猩仅在约 150 万年前方由普通黑猩猩分化出来，因而这两个种有许多相似之处。但是普通黑猩猩生活在热带雨林地带，从西非海岸到东非西部的各种不同环境中，从低平海岸地带到高山上，甚至在仅有稀疏的小块

黑猩猩 –purpleairplane 提供

森林地的干燥林地上也有发现，因而人们比较熟悉，研究得也较多。而倭黑猩猩仅发现于扎伊尔，目前只能在洛马克森林和万巴森林的小块地区，人们才能见到其踪影。这是由于那个国家的蒙干杜部落世代传说着，他们的祖先与倭黑猩猩兄弟般亲密地生活在一起。这一宛如亲属的密切关系，使蒙干杜人形成了一种禁忌：严禁杀害这些与他们生活在同一森林中的类人猿。于是这两小块地

黑猩猩 –Ross 提供

倭黑猩猩的和平王国

区的倭黑猩猩"得天独厚"地幸存了下来。

倭黑猩猩并不是简单地指矮小的黑猩猩。倭黑猩猩的重量与最小的普通黑猩猩差不多，但是它的体形更细长，它的四肢比普通黑猩猩长，而头和肩却比普通黑猩猩小。倭黑猩猩的额骨高，黑色的体毛较长，更有一张孩子般稚气的、表情生动的脸。倭黑猩猩有发育良好的特征，在好的光线下，它们能像人那样很容易通过面部特征被认出来。但是，当它们趴在树上时，茂密的树叶和昏暗的光线会把倭黑猩猩的特征变得模糊起来，它们在地上被丛林挡住时也是这样。这时，

黑猩猩 –Chi King 提供

要通过面部特征直接识别它们，就很困难了。

一个倭黑猩猩群，由几十个成员组成，其中成年者占了一半。它们经常分成好几个组，一组的成员和数量经常变动，这是由食物的数量和分配的关系，或是因个体或家庭之间的密切或敌对关系而定的。这一情况与普通黑猩猩十分相似。

雌性倭黑猩猩在7岁～8岁就开始性成熟，大约在12岁～14岁时才第一次产仔。这段时间后不久，它们就离开自己的出生群。相反，雄性倭黑猩猩终身留在自己的出生群里，从不迁出或迁进。这是倭黑猩猩与普通黑猩猩共有

倭黑猩猩 –Mark Dumont 提供

倭黑猩猩 –Pierre Fidenci 提供

倭黑猩猩 –Kabir Bakie 提供

的另一群栖特征。

　　然而，这两种黑猩猩在行为上毕竟还有一些不同之处。倭黑猩猩与普通黑猩猩不同，它们从不杀死自己的同类。据资料记载，在普通黑猩猩中有两种杀死同类的现象。成年的雄性黑猩猩经常杀死2岁～3岁的幼仔。正在哺乳的雌性普通黑猩猩，要到最小的幼仔断奶后才再次生育。科学工作者发现，普通黑猩猩中那些幼仔被杀死的母黑猩猩，会很快恢复发情期和性生活，它们大多还加入"凶手"的行列。雄性普通黑猩猩往往会向自己的性竞争者的幼仔下毒手，从而为自己寻找配偶创造条件。大概为了保护自己的幼仔免遭杀害，不少有幼仔的雌性普通黑猩猩往往离群出走。

　　不同群的雄性普通黑猩猩之间十分敌视，在杀害对方幼仔时，通常受害者总是雄性，所以在群中，成年雌性往往多于雄性。而在倭黑猩猩群中，雄性和雌性数目大致相等，它们的群是由雄性和雌性、成年的和年幼的倭黑猩猩组成的混合体。与普通黑猩猩相比，倭黑猩猩更喜爱和平和群居。

倭黑猩猩的社会

　　在猿猴社会里，当首领的在维持社会秩序方面扮演着重要的角色。倭黑猩猩社会中，也存在着等级制度。通常，在发现了极佳的食物源时，在相互竞争的情况下，一些雌性倭黑猩猩能够支配其他的倭黑猩猩，而雄性倭黑猩猩的首领还会对部下发起攻击。但是在雌性倭黑猩猩中，这种支配行为却不常见，偶尔雌性倭黑猩猩的首领对部下进行威吓时，还会遭到强烈的反抗。这说明雌性倭黑猩猩的等级秩序，远不如雄性倭黑猩猩稳定。

　　倭黑猩猩异性之间的侵犯现象也极少见。雌性倭黑猩猩一般都不惧怕雄性倭黑猩猩，敢于从地位较高的雄性倭黑猩猩为自己留用的食物中，挑选并拿走中意的食物。雄性倭黑猩猩常常能容忍雌性倭黑猩猩，很少为了食物而威吓或攻击它们。如果发生冲突，尽管雌性倭黑猩猩的体格更弱，却往往能够占上风。至于倭黑猩猩两性之间的支配关系是如何决定的，至今还是个谜，但是明显地，这种关系有益于雌性倭黑猩猩。即使在非动情期与雄性倭黑猩猩同居，雌性倭黑猩猩也能保护自己和幼仔，使之免受雄性倭黑猩猩的攻击。更有甚者，有的刚及成年的雄性倭黑猩猩，还会在母亲的帮助下夺得首领的地位。因此有人说："倭黑猩猩的社会是'女尊男卑'的社会。"

　　在倭黑猩猩社会中，居较高地位的雄性倭黑猩猩并没有多大的优势。在任何时候，总有一些雌性倭黑猩猩处于动情期，因此雄性倭黑猩猩几乎总能很快地找到配偶。而且，尽管每年有短时期的波动，但森林常能提供充足的食物让众倭黑猩猩采用或随意分享，而不是被谁独占。在这样一种非竞争的形势下，关心等级秩序的成员会逐渐减少，这也使等级秩序问题能轻易地得到解决。

青春期的雌性倭黑猩猩，离开其出生群时，便中断了与母亲的关系，而雄性倭黑猩猩却终身生活在其出生群中，长期与母亲生活在一起。通常由母亲、儿子及刚出生的儿女组成的倭黑猩猩家庭，在群体解散后仍聚在一起游荡，相互照料。长大的儿子有时仍向母亲讨食物吃，虽然它比母亲长得高大，但从不向母亲摆出恐吓的姿态。

成年的雄性倭黑猩猩，十分爱护群体中的婴儿和青少年，不但不会欺侮它们，而且身材高大的成年雄性倭黑猩猩还成为它们集体游戏攻击的对象。当雄性倭黑猩猩在喂雌性倭黑猩猩时，常有幼仔前去纠缠，而它也不会将它们赶走。雄性倭黑猩猩还经常抱着或背着幼仔，而那些母亲即使不跟着，也很放心让雄性倭黑猩猩照看幼仔。雄性倭黑猩猩对年幼的倭黑猩猩的宽容和爱护，可能与它们长期对家庭的依恋有关，使它们与年幼的同胞们成为亲密的朋友。

在万巴森林中有 5 个倭黑猩猩群，各群之间不是十分敌对的，如有冲突，相互间都能谨慎地避让。不同群成员的所有性行为都是一致的，能相互和谐，相互满足。值得注意的是，在倭黑猩猩的性活动中，没有任何支配的因素，更不会发生争偶格斗。倭黑猩猩社会逐渐形成了一套至少在表面上能够维持和平的社会关系。

了解黑猩猩的取食

究竟吃什么

根据传统的说法,黑猩猩主要吃果实、野菜、谷物,也食昆虫、小鸟等。这一说法,在现有许多有关的书籍中(包括学校的一些教科书)基本上是雷同的。其实,在黑猩猩的食谱中远不止这些食物,随着对黑猩猩考察研究工作的深入,发现它们还捕食其他许多动物,是个荤素兼食的杂食性动物。

20世纪60年代,英国科学家珍妮·古道尔和美国科学家盖萨·特莱基,先后对黑猩猩的取食行为作了详细观察,发现它们在荤食中除了吃昆虫、小鸟和鸟蛋外,还捕食蜥蜴、南非羚羊、非洲野猪、蓝猴、红尾猴、狒狒等等。不过被黑猩猩捕食的动物不会太大,一般不超过20磅(1磅约为0.4536千克)重。大多数被捕捉的狒狒是婴儿或小狒狒,估计重量不超过10磅。同样,黑猩猩捕杀的南非羚羊、非洲野猪等动物也全是新生的或幼小的。虽然黑猩猩还捕食一些成年动物,如蓝猴、红尾猴、红疣猴等,但是极少体重超过20磅的。

抢夺狒狒残肉

通过10年(1960年~1970年)的野外考察,古道尔对黑猩猩的了解程度虽然不能说是了如指掌,但已能一一认出它们。

一天早晨,她听到宿营地上方的山坡上发出了一片吵嚷的声音——黑猩猩的尖叫声和狒狒的吼叫声响成一团。她急忙冲出帐篷,首先看见了一只名叫"鲁道夫"的黑猩猩正向一只年轻的狒狒猛扑过去。"鲁道夫"是当地最凶恶的一只雄性黑猩猩。它抓住了狒狒的一条大腿,全身体毛都根根竖起,脸上的肌肉在抽动着。"鲁道夫"拎起狒狒,用力地把它的头部朝地面上砸去,它一下子就一命呜呼了。当时在"鲁道夫"的身旁,还有3只黑猩猩,发疯似的尖叫着。它们都显得非常激动,彼此紧紧挨着,挤成黑黑的一团。

"鲁道夫"似乎感觉出它们是要抢食的,马上一手拎起死狒狒,快速地向山坡上奔去。确实不出"鲁道夫"所料，这3只黑猩猩紧紧尾随在它的后面。在"鲁道夫"的袭击下，大部分胆小的狒狒都溜逃了，仅有几只大个子的雄性狒狒还留在流血的现场，它们狂怒着用爪子猛烈敲打着地面，向着"鲁道夫"方向虎视眈眈，愤怒地吼叫，可是谁也不敢冲向"鲁道夫"。

古道尔等科学家紧跟在"鲁道夫"等黑猩猩的后面，爬上了陡峭的山坡。"鲁道夫"爬上一棵高树，坐了下来。此刻，周围响起了一阵黑猩猩的叫声。它们三三两两，成群涌来，都想分尝这美味可口的狒狒肉。到来的黑猩猩中，有3只是地位显赫的：一只是黑猩猩群的首领，名叫"迈克"；另一只是"迈克"的体格健壮的挚友，名叫"简－比"；再一只是前任首领，名叫"戈利亚"。

从黑猩猩群中的地位来说，"迈克"、"简－比"和"戈利亚"的地位都比"鲁道夫"要高，可是它们没有"下令"要"鲁道夫"交出猎物，而同样只是围着这个幸运的猎手，不敢前去争夺这美味佳肴，只好用眼睛来分享。其他的黑猩猩因地位不同而表现不一，有的同"鲁道夫"保持一定距离，有的跑到它的面前，有的站得远远地看。这时，"鲁道夫"将猎物紧紧地夹在自己的腹部和大腿之间，抓一把树叶塞进嘴里作配菜，然后将狒狒肉撕成小块，慢慢地咀嚼起来。看来，它是不想把肉分给伙伴们吃了。后来，它可能是出于给"三个大人物留点面子"，渐渐地允许"迈克"、"简－比"、"戈利亚"到身边来扯一小块肉吃。而其他的黑猩猩如果胆敢走近，这三个"大人物"就粗暴地把它们赶开。显然，这三个"大人物"是把没有痛快享用美味的怒气，出到了地位较低的伙伴头上去了。

"鲁道夫"的这顿美餐足足吃了大半天。下午，它的脸上显露出一副舒适的神态，它那本来就很大的肚子鼓得格外大了。不久，"鲁道夫"终于从树上跳了下来，把吃剩的食物往地上一扔，走了几步又回头看了一眼，那时，它的模样真像一个由于猎获丰富而感到心满意足的长头发的原始人呢！"鲁道夫"走到3米多远的树荫下坐了下来。一刹那，树林里一片寂静，黑猩猩们都愣住了，似乎是不相信自己的吃福到了。紧接着，喧闹又再次爆发，黑猩猩们都向那块肉扑去，尖叫着，你抢我夺，狒狒的残体顷刻间被撕成碎片。

面对这种争夺食物的场面，首领"迈克"深感震怒。它吼叫着从树上扑到混乱的黑猩猩群中，摇打着同伙们的背脊，还抓着它们身上的毛，将它们拉开。仗着自己首领的权势，"迈克"抢到了一大块狒狒肉冲出了重围。可是它的伙伴们并不甘心，根本不买首领的账，它们又蜂拥地扑向"迈克"，争夺它手中的这块大肉。几分钟以后，黑猩猩们拿着各自所得的肉跑散了。至于"鲁道夫"，却坐在一旁静静地观赏这场争夺战，然后站起来慢慢地走了，它在饱餐以后需要好好地睡上一大觉呢！

合作捕猎和共同享用

根据较多的科学家观察，像古道尔所见的"鲁道夫"独享猎物的事例并不常见，常见的却是众黑猩猩合作捕猎较大动物并共同分享。

不久前，美国科学家在非洲象牙海岸热带雨林中观察黑猩猩捕杀猴子时，就连续两次目击它们的合作行动。一次是两只黑猩猩从不同方向，朝一只正停息在树枝上的猴子逼近，其中一只黑猩猩眼明手快，窜上去逮住了猴子，另一只马上扑过去并用锐利的牙齿猛咬猴子的喉部，那猴子即刻一命呜呼。令人奇怪的是，这两只黑猩猩杀死了猴子以后，不是双方瓜分，而是将死猴子扛到"家"里，让伙伴们共享这顿丰盛的美餐。另一次是5只黑猩猩出动，围猎一只个儿较大的猴子。它们发现猴子后，不是立即冲刺过去，而是以猴子为中心，各自从四面八方蹑手蹑脚地慢慢潜近，到了足够近的距离时，其中一只身强力壮的雄性黑猩猩，可能就是群中首领，抢先一步向猴子猛扑过去，一抓住猴子就咬死了它。然后，那只黑猩猩撕碎猴肉，众黑猩猩就地分享。不过，黑猩猩捕捉较大的动物也不是十拿九稳的，科学家发现它们不成功的次数不少。

黑猩猩的食性有点像人类，它们中有的爱吃动物的肉，有的爱吃动物的内脏，有的爱吃动物的骨，真是萝卜青菜各有喜爱。有一次，科学家目睹一群黑猩猩分享一只猴子肉以后，发现一只黑猩猩拣了一块猴子的胫骨，匆匆离去，他们急忙尾随跟踪，看看它究竟去干什么。原来，它是把胫骨作为"礼物"，送给一只偏食猴骨而不在场的黑猩猩。那只黑猩猩一见到骨头，高兴极了，马上伸手拿到嘴巴里"吱嘎吱嘎"地咀嚼起来了。

杰出的工具使用者

用工具获取食物是智慧的表现。在高等脊椎动物中，人们虽然发现了极少种类能够使用工具去摄取靠自身的手脚或嘴巴无法弄到的食物，但是从其使用工具的范围和技巧来说，要算黑猩猩最高明了。这一点，在学术界是公认的。

古道尔在《黑猩猩在召唤》中，多次介绍了黑猩猩使用树枝和草棍从洞穴中钓取白蚁的行为。日本东京大学西田利贞教授，在非洲坦桑尼亚的喀索盖地区对黑猩猩这种行为又作了详细观察，更说明了黑猩猩使用工具取食的非凡才能。

在25天的观察中，西田利贞教授有9天见到黑猩猩使用工具的行为共27次，这就是说，看到黑猩猩使用工具行为的天数占了观察总天数的36%，按次数平均起来是每天看到一次以上。这说明黑猩猩使用工具行为并非罕见现象，而是日常的普通行为。

西田利贞教授所观察的黑猩猩共有23只，包括成年雄性黑猩猩4只，壮年雄性黑猩猩1只，成年雌性黑猩猩7只，壮年雌性黑猩猩4只，青年雌性黑猩猩2只，小黑猩猩3只，幼黑猩猩2只。观察结果，在青年以上的18只黑猩猩中，61%有过使用工具的行为，因此可以说，这种行为在这一黑猩猩群里是共同的行为特性。至于小黑猩猩和幼黑猩猩，没有发现有过这种行为。在这次观察结束以后，西田利贞教授的助手发现一只4岁的雌黑猩猩在"钓"蚂蚁。

在研究黑猩猩使用工具中，有些科学家认为，除了人类以外的灵长类，不能长时间地集中做一种作业，即使如黑猩猩，最多也不过15分钟~30分钟。但西田利贞教授等人的观察情况并非如此。他们花了1小时零6分的时间，集中观察一只名叫"瓦基希"的壮年雌性黑猩猩用钓棒捕食蚂蚁的行为。在此期内，它除了更换工具以外，一直不停地"钓"着蚂蚁。他们计算了"瓦基希"135次"钓"蚂蚁动作的时间，包括把棒插进蚁穴、稍作等待、然后将棒抽出把蚂蚁吃掉的过程。计算结果，一次"钓"蚂蚁的时间，最短为2.6秒，最长为15.9秒，平均为6.9秒。135次的"钓"蚂蚁动作，一共经历了932秒，因而在1小时零6分钟的"钓"蚂蚁时间内，这只黑猩猩把棒反复插进再取出应当有500次以上。

黑猩猩不仅会使用工具，而且能巧用和加工工具。如果蚁穴入口宽大，它们就不用工具，用手伸入洞中，捞出蚂蚁吞食。如果蚁穴入口伸不进手，但还比较大，它们就把能利用的树枝弄弯了作为钓棒使用。也有用手和牙齿把树枝上的小枝叶去掉，这样更好使用。如果蚁穴入口很小，它们一般就选用藤蔓植物和禾本科植物，把它们的枝条摘下来，用手和牙齿剥掉藤皮，将这样略经加工的钓棒插进蚁穴，稍微等一下后，再把粘住蚂蚁的棒轻轻抽出来，用舌头舔食。经过连续"钓"用，钓棒变形，它们就把钓棒掉转头来，使用另一头。

不久前，美国两位动物学家在非洲象牙海岸热带雨林考察黑猩猩时，发现这里的黑猩猩最爱吃坚果内的果仁，这里的坚果的果壳越硬，其果仁越好吃。可是，这类坚果的壳实在太坚硬了，黑猩猩难以咬动。那么黑猩猩是怎样吃坚果的呢？

一个早上，一只年富力强的雄性黑猩猩看到树林下有大量落地坚果，它思考了一下，便在林间东奔西走，两眼往四面八方瞧，最后找来一根又粗又直的树枝，用手和牙把四周枝叶去掉，好像要用作"武器"似的。此刻，这两位动物学家有点胆怯，怀疑它是否会无礼行凶，便向后退了大约五十米，继续观察它的行动。

谁也没有想到，这只黑猩猩双手用力紧握树干，使劲地在地面上滚砸坚果，把大部分坚硬的果壳都砸碎了，然后大声吼叫，唤来了许多黑猩猩。令人奇怪的是，那只砸坚果有功的黑猩猩却站在一旁，让伙伴们先吃，最后自己才吃。对一些特别坚硬的坚果，用树枝也无法砸碎。面对这一难题，这只聪明而善良的黑猩猩又开动脑筋，过不太久又找来了似锤子般的合适石块，用足力气把留下的未碎坚果砸开了。

　　此外，黑猩猩会把树叶先放在嘴里咀嚼，吐出作为"海绵"，再拿到积水的树洞中吸水，然后取出吮吸水分。同时，还会用树叶当抹布擦去身上的血迹、泥巴或黏性食物。当便溺弄脏了小黑猩猩的时候，做"妈妈"的黑猩猩常常用一小把树叶把它擦干净。

科学思考录：黑猩猩与人类最接近

"人类是由古猿进化而来的"这一理论，已被科学界所公认并加以普及教育。但是，古猿早已灭绝了，而在现存的四大类人猿中，笔者认为，与人类亲缘关系最接近的，非黑猩猩莫属。根据科学家们的大量观察研究成果，可以充分证明这一点。

形态上和生理上相似

在现存所有动物（包括大猩猩、猩猩和长臂猿在内）中，要算黑猩猩的形态特征和生理现象最接近于人类了。正因为这一原因，长期以来，人们把黑猩猩作为人的"替身"，进行医学、生理学、心理学等方面的实验。最近，由于人类社会艾滋病、肝炎的流行，科学家又在人工饲养的黑猩猩身上试验艾滋病疫苗和肝炎疫苗的效果，以便人体安全防治这些可怕的疾病。

表情上相似

在野生或饲养的黑猩猩群体中，人们早已发现这一类人猿具有人样的许多丰富表情和情感。例如，两只关系亲密的黑猩猩相遇，它们不但会相互"打招呼"，而且还会热烈地拥抱，其拥抱的姿势几乎与人类一模一样。据实地考察黑猩猩的科学家记述："如果人与黑猩猩交上了朋友，它们会对人十分友好，甚至同你接吻和拥抱，亲如一家人。"

在上海自然博物馆"古人类史"陈列室里，有一组人与黑猩猩表情对比照片，真是惟妙惟肖，令人发噱和信服。这组照片包括"嬉笑"、"厌恶"、"哭泣"和"注意"四种不同表情，每种表情照片是人与黑猩猩各一张，并列地在一起放着，除了外貌上的差异外，人与黑猩猩的喜、怒、哀、乐表情像极了，令广大观众"啧啧"称妙！

围猎与共享上相似

许多人类学家认为,大约在180万年以前,人类的进化道路上有一个飞跃,这就是通过合作捕猎和共同享食,才出现了典型的人类社会制度。而今天,人们不仅观察到黑猩猩在狩猎中有组织地合作围捕,而且对猎物进行社会分配,共同享用。这说明了人类与类人猿之间的差别,比原先想象更要小些。

使用工具上相似

按照传统的说法,会不会使用工具和制造工具去达到某一目的,是人类与动物的一大区别。

那么,动物会不会使用工具和制造工具呢?从目前所知,能使用天然工具的动物有几种,如兀鹰抛贝落在石地上碎壳取肉,狒狒拾石作为"武器"去投击敌兽。不过能广泛、经常、巧妙地使用天然工具取食或作他用的,只有黑猩猩。在这点上,科学界看法基本一致。目前存在的争议,是黑猩猩能否制造工具?

据英、美、日、俄等国科学家对黑猩猩的观察研究成果,笔者认为这一类人猿已经达到制造工具的初级阶段,因为它已能将获得的树枝经过手和牙的加工,成为更适合"钓"取蚁穴中蚂蚁的工具。此外,黑猩猩还会挑选合适的石块当作锤子去砸碎坚果的硬壳,但能否将石块加工为更合适的敲砸工具,目前还未发现。这些就是猿不如人的一个方面。

语言上相似

尽管目前尚有一些学者仍旧坚持"语言是人类特有的,动物不可能有语言"的传统观点,但是随着探索动物秘密的科学技术的发展,越来越多的事实证明,动物能通过发出不同的声音、做出不同的动作来表达各种意思,这与人类的说话和盲人的手语是何等的相似!

在四大类人猿中,除长臂猿外,科学家们不但已经教会黑猩猩、大猩猩和猩猩掌握了类似于盲人的许多手势语言,而且还教会黑猩猩和大猩猩使用键盘的符号语言。今天,人类与类人猿可以通过手势语和符号语言,在局部范围内互相"对话"。其中最早被教会两种语言的是黑猩猩,它使用语言的精确性也高于大猩猩和猩猩。

社会意识上相似

科学家发现，黑猩猩也有人类那样的文过饰非的行为。例如，荷兰青年生物学家弗朗茨·瓦尔博士曾看到两只黑猩猩经过一阵厮打以后，一只负伤，跛足而行。可是它只在咬伤它的敌手面前如此，而在其他黑猩猩面前却装得一如往常。

从社会角度来看，一个黑猩猩群体往往分成两个集团。如果说雄性黑猩猩对等级念念不忘，那么，雌性黑猩猩对此却漠不关心，它们尤其愿意过一种友爱的集体生活。这是黑猩猩社会中雌雄之间对待生活的不同态度。

黑猩猩观察家们已经发现，在黑猩猩的群体里，处于不同地位的成员会表现出截然不同的意识，并且反映在行动上。处于从属地位的黑猩猩，在统治者面前尽量缩小自己的身躯，俯首帖耳，并发出与众不同的"奴才"声，还轻轻地触摸它，以示"尊敬"，这与人类社会中的一些"小人"在上级面前奉承拍马的现象多么相似！而处于统治地位的黑猩猩，常爱装腔作势，耀武扬威，显示自己强大。在一群黑猩猩中，通常总有那么几只雄性黑猩猩野心勃勃，想称王称霸。当它们之间的势力旗鼓相当时，除了拼个"你死我活"外，还会耍手段拉帮结派，共同对付竞争对手。一俟目的达到，它便俨然以"首领"的身份行事。这种现象在人类社会里也有，不过在倭黑猩猩群体中似乎没有发现过。

"政变"行动上相似

说到黑猩猩也会搞"政变"，或许会使人感到可笑。但确有其事，在法国《科学与生活》第747期上，有一篇题为《黑猩猩——狡狯的政治动物》的文章，详细介绍了黑猩猩的"政变"和"侵略"行为。

根据瓦尔博士对阿纳姆"城市动物园"黑猩猩的长期观察研究，发现一起"政变"事件。

几个月前，一只名叫"叶霍安"的雄性黑猩猩还是深孚众望的首领，其他3只雄性黑猩猩对它采取的是一种五体投地的恭顺态度。然而，有一天，三雄之一的"吕特"开始叛变，并向"叶霍安"挑衅。首领与对手之间的冲突接踵而来。9只雌性黑猩猩起初都站在首领一边，向"吕特"进攻。可是另一只雄性黑猩猩"尼基"公开支持"吕特"，猛烈攻击那些向"吕特"进攻的雌性黑猩猩。几个星期以后，"吕特"成功地瓦解了"叶霍安"的阵营。结果那些雌性黑猩猩全部加入了"吕特"和"尼基"的联盟。三个月中，在"尼基"的支持下，"吕特"成功地排挤了"叶

"霍安"，自己成了群雄之首。几个月平安无事地过去了，"叶霍安"却与"尼基"打得火热，这种新的联合，又使"尼基"成了首领。可是这只是一个虚有其名的傀儡。当它依靠"叶霍安"把权弄到手时，它不得不对盟友"叶霍安"宽容。另外，由于它不久前开罪过不少雌性黑猩猩，得不到它们的拥戴。"尼基"只得死心塌地依靠"叶霍安"。这种状况加强了"叶霍安"的优越地位。最终，发生了极有趣的情况："尼基"是首领，而真正的权力却落入了"叶霍安"的手中。

美国科学家珍妮·古道尔，在坦桑尼亚森林中研究黑猩猩时发现，坦亥尼卡湖两岸，比邻而栖地生活着两群黑猩猩。它们之间的和睦关系，直到南岸群侵占了北岸群的地盘才告结束。随后北岸群发动了几次突然而猛烈的袭击，南岸群的黑猩猩全部被歼，无一幸免。同时，北岸群把南岸的土地也吞并了。

上述情况在其他类人猿中似乎没有发现过。

模仿行为相似

黑猩猩不但具有许多人样行为，而且还会模仿人的新的行为。这里有一个有趣的事例：

在南非的约翰内斯堡市立公园里，有一只上了年纪的黑猩猩，从地面上拾起一支点着火的香烟，叼在嘴边，坐在石块上，两条臂膀抱着头背，左腿搁在右腿之上，微微地抿着嘴唇，目不转睛地昂首凝视着迂回的烟云，显出一副自得其乐的模样，活像人的吸烟姿势。这一行为，显然是从人那里学来的。

大铁笼里共有4只黑猩猩。一名中学教师出于好奇，丢进一包拆了封的香烟，试图进一步探察其他3只黑猩猩的反应。这时，一只正在吸烟的黑猩猩立即从石块上跳下，又从地面上拾起一支烟，巧妙地接火后，扔掉原来的烟头；另外一只黑猩猩也拾起一支烟，放在嘴上吸了几下，不见有火，乖乖地跑到那只正在吸烟的黑猩猩面前，乞求行个方便。这只黑猩猩似乎对吸烟没有经验，接火好长时间才点着嘴里的烟。可是余下的两只黑猩猩，在一旁悠然自得，对烟毫无反应。

从上述这一事例来看，黑猩猩学人吸烟，也具有人类那样喜、厌吸烟之分。

自我治疗相似

在医药事业不发达的古代，人们得病以后，常常自己上山采药进行自我治疗。令人惊奇的是，自20世纪70年代以来，美国、日本等国的科学家竟然发现黑猩猩也有与古人相似的这种本事。

科学家们经过长期、仔细的观察研究以后，发现皮肤病、寄生虫病、腹泻是黑猩猩的常见疾病，而它们能根据自己的不同疾病，采服不同的药用植物，进行自我治疗。科学家的这一结论，主要有四个依据：一是黑猩猩吃药用植物的状况与平时进食状况不同；二是黑猩猩吃的药用植物正是当地土著人惯用的药用植物；三是通过对服用治疗寄生虫病药用植物的黑猩猩的粪便检查，确实发现了大量寄生虫；四是观察服用药用植物的黑猩猩，它们的病情逐渐好转，甚至治愈了。

DNA 分子结构相似

美国耶鲁大学科学家查理斯·西伯雷等人，对动物进化与 DNA 分子钟的关系进行了长达 10 年的研究。通过对数千种动物的 DNA 分子作近 2 万个对照测定，并参照大量的化石资料，西伯雷得出结论：DNA 分子钟的走时约为 450 万年变化 1%。西伯雷等人比较了人类、黑猩猩、大猩猩、猩猩、长臂猿，以及 5 种旧大陆猴子的 DNA 分子，研究了它们之间的亲缘关系，发现所有猴类的 DNA 分子结构与人类、猿类差异很大，说明猴类与人类、猿类关系较远，这与传统的分类理论一致。而人类和猿类中，人类与黑猩猩 DNA 分子结构差异最小，仅为 1.9%，根据分子钟走时可推算出，人类和黑猩猩是在大约 800 万年～700 万年前由共同的祖先分化出来的。其次最为接近的，就是人类和大猩猩了，人类和大猩猩 DNA 分子结构差异为 2.1%，而大猩猩与黑猩猩的 DNA 分子结构差异却为 2.4%，这说明大猩猩和黑猩猩的亲缘关系，还不如人类和黑猩猩关系来得近！这一结论和传统的人猿分野理论大相径庭。根据上述研究结果，西伯雷指出，无论从遗传特征上还是进化起源上，人类和黑猩猩的关系要比黑猩猩和大猩猩的关系接近，因此以往把人归于一科，把黑猩猩和大猩猩归于另一科的分类方法是不正确的。尽管目前有些科学家不赞同西伯雷的人猿分野新理论，但黑猩猩与人类的 DNA 分子结构最接近是事实。

科学思考录：猿猴为何如此聪明

猿猴是与人类亲缘关系最接近的动物，它们能处理一些需要创造力和洞察力的问题而显示着智力行为。国际上许多动物学家、人类学家，甚至还有医学家，他们一直在探索、研究猿猴的智力行为，以便进一步揭示猿猴的聪慧之因，丰富智慧进化理论。

智商与生态

猿猴为什么比任何其他动物来得聪慧？简单的回答是，猿猴脑子发达，思路敏捷，富有较高智商，所以与人类一起同归灵长类，居于分类学上的最高位置。

的确，猿猴的脑子发达，有人曾做过黑猩猩的脑容量测定，发现它的脑重占体重的0.7%，仅次于人(2.1%)和海豚(1.7%)。虽然脑重不能作为判断聪慧的唯一标准，还有以后学习、社交活动、生态环境等因素，但是也可以看出相对脑重与聪慧之间确实存在着因果关系。

英国生物学家达尔文提出"智力乃是一种适应"。猿猴会记住食物的所在地方，并且使用工具获取这些美味佳肴。这方面最出名的例子是，黑猩猩利用一根树枝草茎，插入自己无法入内的小洞隙里，把白蚁或蚂蚁这样的小虫子取出来食用。有人还发现，在动物园里的狒狒之间能够通过相互合作，取来一根长钩，把食物盘子钩来共同取食。虽然猿猴使用工具并不是一个普遍规律，但它能解释猿猴经大量训练后成为最精明聪慧的动物这一现象。

由于猿猴的脑子发达，智商较高，所以能够做出种种智力行为。但是据英国苏塞克斯大学的乔治娜·梅林和保罗·哈维，剑桥大学蒂姆·克卢登－布罗克，以及美国史密森研究院的约翰·艾森贝雷和唐·威尔逊等人研究，哺乳动物的脑子大小除了与其身体大小成正比外，还受到生态学的控制。具体地说，生活在树上的动物要比生活在地面上的动物脑子大；夜间活动的动物要比白天活动的动物脑子大；吃果实的动物要比吃其他食物的动物脑子大。所以说，猿猴的脑子发达、智商较高，除了先天遗传因子之外，与生态环境和生活习性也有重要关系，也就是人们常说的"脑越用越灵"。

聪慧的"两重因"学说

猿猴之所以如此聪慧，有两重原因，一是先天条件，二是后天勤学。

科学家教会猿类手势语言的例子很多，例如在20世纪60年代后期教会黑猩猩"沃肖"使用手势语言，到了70年代初教会了大猩猩"可可"使用手势语言，之后又教会猩猩"丽尼"使用手势语言。科学家在教猿类学习手势语言时，都根据先天条件和后天勤学并重的两个原则，经过严格挑选训练对象，并不是任何一只猿猴都能顺利地学会手势语言的。

目前，泰国、印度尼西亚、马来西亚的一些地区，训练猴子当"采椰工"，让它爬上既高又直的椰树采摘椰子，当然最为合适。可是，猴子虽然聪慧，却生性"玩物丧志"，不肯卖力气，学习时也不肯下苦功。所以主人在选拔猴子"采椰工"的过程中，总是采用一批，淘汰一批，把那些体格壮实、聪明敦厚、刻苦勤学的猴子选上，同时将那些懒而不学、体质衰弱、爱耍滑头的猴子淘汰。有的猴子尽管体强聪明，由于不肯好好学习采椰技术，即使勉强被选上了，也不能完成采椰任务。

在杂技场上，当猴"演员"表演骑自行车、打篮球、转盘咬花、木砖顶、走钢丝、在钢丝上倒立、顶碗、倒挂金钩、爬竿、翻跟斗等精彩节目时，在场观众无不啧啧称绝，热烈鼓掌。曾有一次，笔者看完猴"演员"技艺之后，到后台问团领导："你们的猴演员是否任何猴子都可以充当？"他摇摇头说："找一个好的猴演员可不容易，既要考虑原来素质，又要选听话好学，真是百里挑一呢！"

猿猴的逻辑思维

逻辑思维是高等动物聪慧的一种特征，这一点在猿猴中表现得尤为明显。例如上述黑猩猩和狒狒使用工具获得食物的过程，就是一个逻辑思维的过程。

日本科学家在日本国南部的甑岛上考察一群猕猴，发现它们的思维行为和学习能力更是令人惊讶！他们将新鲜的马铃薯散放在开阔地区去吸引猕猴，其中一只取名"伊莫"的三岁半小猕猴从地上拾起一个马铃薯，然后跑到水池边，一边浸泡，一边用手擦去马铃薯外面的泥沙等污物。一个月后，全群猕猴都学会了这一"洗物"习性。不久，另有一只猕猴又无意地在海水里洗马铃薯，可能感到有些盐味的马铃薯味道更好，所以在海里洗马铃薯又很快成为这群猕猴的普遍习性了。为了进一步了解猕猴的思维行为和学习能力，日本科学家又对另一群猕猴作了试验。他们拿一把舂米撒在沙滩上。先是一只猕猴用手连沙带米抓取了一把，蹦蹦跳跳地离开海岸，到了岩石池把它们投掷在水中。结果沙粒沉下，舂米漂浮着，它即用手捞出而食。这一习性又很快传授给猴群，每只猕猴都学着做了。日本科学家的上述发现，说明这些猕猴都有逻辑思维和出色的学习能力，但是在智力上也有个体差异，开始都是一只猕猴的"发明"，以后大家才跟着学会。

社交意识与"政治"行动

虽然一些猿猴会使用工具，但是它们既不经常也不灵巧地使用工具，而且其他哺乳动物（如水獭抛石碎贝）和一些鸟（如啄木燕用细枝诱虫、白兀鹫衔石砸鸵鸟蛋壳）也能使用工具，所以有人认为"使用工具"不是猿猴聪慧的主要表征。

当前解释猿猴为何如此聪慧的新观点，是这类动物具有高度的社交能力。这一观点确实令人着迷，其原因是社交环境不同于静止不动的物体，它具有反作用，从而有助于提高动物随机应变和创造适应社交环境的能力。许多研究也表明，猿猴在日常生活中确实利用这些能力，进行同盟关系的缔结或断绝、社交权益的商定或指望，以及彼此之间的欺骗或敲诈。总而言之，猿猴处事哲学之精明简直能和老谋深算的政治家相媲美。

就拿黑猩猩来说，它们不仅有强烈的社会意识和周密的联络原则，而且还有"政治"行动。它们知道结盟、合作和统一行动，也知道如何进行斗争。在猴群里，虽然有类似黑猩猩的夺位格斗、群间残杀的事例，但也有团结友爱、共同对敌的情况。

记仇与报复

1990年8月，笔者到贵阳市麒麟公园猴山观猴，目睹一个东北游客用手上的一根细枝条轻轻打了一下小猴的臀部，小猴尖叫了一声，顿时有七八只猴子从四面八方窜来，将他牢牢围住，并发出一阵狠狠的恶叫。此刻，这个东北大汉感到十分害怕，拼命呼喊："猴子要咬人了！"四周游客闻声后都走来为他解危。猴子们一见到这么多人，终于没有"下手"，慢慢地散开了。猴子的这一行动，不仅说明了它们有记仇与报复的心理，而且还揭示了它们处事哲学的精明，否则在众人面前行凶定会吃亏的。

猴子的记仇与报复心理不仅表现在即刻，还会牢记在心，伺机再起。1985年，在浙江衢州市的一个村子里，农民蓝云根见屋旁树上有一群猴子在嬉闹，一时兴起用石击打。击中的猴子嗷嗷直叫，纷纷逃离。第二天蓝云根外出，不料老猴带领群猴"卷土重来"，把他养的几十只鸡抓进树林，将鸡毛统统拔光，然后放回。蓝云根回家后，见鸡满身流血，困惑不已，抬头一看，见树梢上的群猴得意洋洋，方知是猴子们干的。可是，事情并没有到此结束。第三天，上百只猴子又把蓝云根栽种的 10000 平方米杉木苗统统拔起。蓝云根重新栽下去，可是人一走，群猴又把松木苗全部拔出，而且一棵棵折断，弄得蓝云根叫苦连天。

在国外，猴子的复仇事件也常有发生。不久前，印度孟加拉邦的一个村子，一群村妇打死了一只母猴，结果母猴的配偶公猴前来报复，一见到女人就张牙舞爪地扑过去。由于受到猴子的威胁，村里的农妇吓得被迫待在家里，闭门不出。

智力进化

科学界几乎一致认为猿猴是研究智力进化最好的材料，并提出，猿猴能对快速变化的复杂社会环境作出决策，是它们为何如此聪慧的主要表征。

众所周知，猿猴是群居动物，富于智慧，在错综复杂的猿猴社会里磨炼出一套既协调又斗争的处世本领。科学家们经过潜心钻研猿猴的社交知识程度，运用独创性实验和控制性观察之后，已发现猿猴几乎具有人样的"知己知彼，百战百胜"的策略。例如，一只猴子能够识别出其他两只猴子的亲缘关系或支配关系；某些猿猴对其他猿猴的思维活动了如指掌；一些猿猴既能先发制人，又能采用诈骗诡计以战胜对手。

猿猴在社交中所施展的这套本领，充分显示了它们的聪慧，不但为其他类动物望尘莫及，而且还在不断地进化发展。人们先教会黑猩猩手势语言，而后又发展用符号语言相互对话。猴子的记仇报复行为，开始只在即时发生，而后发展为隔时发生，而且报仇行为的程度越来越深。在猿猴的逻辑思维上，开始比较简单，而后越来越复杂。在猿猴群中，开始往往是直截了当的争位冲突，而后发展成耍"两面派"手法去阴谋夺权。

由于猿猴的社交活动十分复杂，目前在研究上还存在种种困难，对猿猴的社交智慧理论只能说是一种假说，但这种假说无疑对探索灵长类动物的有关特性具有启示作用。可以预测，科学家们最终也许会提出灵长类动物具有较高智商这一最为简单的假说，来解释这类动物的社交智力。